上海人民美術出版社

数字音效制作 / 吴燕著. ——上海：上海人民美术出版社，2016.3（2020.7 重印）
（数码设计专业精品教材）
ISBN 978-7-5322-9740-5

Ⅰ.①数… Ⅱ.①吴… Ⅲ.①数字音频技术—应用软件—教材 Ⅳ.①TN912.2-39

中国版本图书馆CIP数据核字（2015）第285681号

数码设计专业精品教材

数字音效制作

出 品 人：温泽远

策　　划：孙 青

主　　编：陈洁滋

作　　者：吴 燕

装帧设计：朱静雯

特约编辑：常凤云

技术编辑：史 湧

出版发行：上海人民美术出版社

（上海市长乐路672弄33号）

邮编：200040 电话：021-54044520

网　　址：www.shrmms.com

印　　刷：上海中华商务联合印刷有限公司

开　　本：787×1092 1/16 5.75印张

版　　次：2016年3月第1版

印　　次：2020年7月第3次

书　　号：ISBN 978-7-5322-9740-5

定　　价：48.00元

序

PREFACE

一　教材形式的变化

在新技术、新媒体不断涌现的今天，数码艺术教学还是采用亦步亦趋的介绍性教学方法，这显然已落后了；纯粹学术性的教学方法，也不利于学生尽快的掌握实战方法！在此形势下，本教材采用实际案例的分解传授，将软件操作与案例结合，尽最大可能帮助学员在认知学习和案例操作中学会基本技能。多媒体技术的教学，仅停留在文字表述上是不够的，更需要结合视频、音频等解说、演示，这样更直观明了。因此本系列教材在编写过程中，结合新颖的交互式电子读物制作技术，为纸质教材配套数字教材，使读者更方便灵活的学习。

上海工艺美术职业学院数码艺术学院的教学团队在专业技术应用与教学的探索上，不断取得社会的关注和认可。2014年12月19日数码艺术学院的7名教师与上海人民美术出版社签署了出版合同。此套第一辑有《矢量插画》、《游戏原画设计》、《三维角色设计与制作》、《产品三维演示动画设计与制作》、《网页设计与制作》、《UI设计与制作》和《数字音效制作》。2016年下半年将出版第二辑。

二　本教材的特点

此套数码艺术设计系列教材，最大特点是以传统纸质教材（侧重搭建理论框架和案例分析）与数字教材（侧重案例视频解说）相配合的方式出现在读者面前。由于是初次尝试，有考虑不周的地方，请大家多多指正，以便我们在后续的编写及出版中为大家提供更好地服务。

本系列教材纸质部分的每章前都有学习重点、学习目标，提醒读者本章的主要内容。在数字教材里，读者也可以在读本上标注阅读重点、记录学习笔记并进行自我测试。

三　教学方法的介绍

在多年的实际教学中，数码艺术教学团队总结的“数码艺术四步教学法”，可以更好、更完整的帮助学生掌握技能，并让学生对将来的职业有一个初步的认知，帮助学生段落性的、进阶性的进入专业行业领域。此教学法曾获得2014年度上海市教委教学成果二等奖。

数码艺术四步教学法内容：

1、工作认知——工作认知、岗位认知、技能认知、学习与训练认知，使学员初步了解该知识点所涉及的范围和训练目标。

2、跟做训练——结合演示法、观摩法、沉浸法等综合案例亦步亦趋跟做训练，使学习者能初步掌握基础技能、技巧。

3、临摹与变化——巩固跟做阶段学会的“技能”，开拓练习综合运用的能力。

4、创作和设计——创作和设计不是一蹴而就的。掌握相关技能、把握适量技巧不等同于能够完成设计任务了。没有尝试创作和设计过程中的“失败”，是学不会创作和设计的！因此要安排模拟创作训练，有条件的最好是使学员经历项目的完整过程。

具体的数码艺术四步教学法构想结构及具体实施请参考下面两张图。

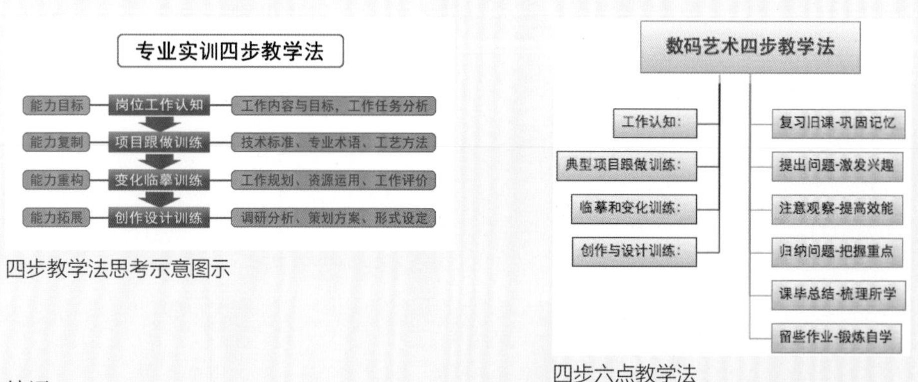

四步教学法思考示意图示

四步六点教学法

结语：

真心希望通过我们的实践和努力，使此套教材的编写和制作更适合读者的学习，和最大化的符合读者已有的阅读习惯。祝您在学习数码艺术的旅途中享受快乐。

上海工艺美术职业学院数码艺术学院院长

陈洁滋

2015年9月

前 言

PREFACE

影音作品是视听相结合的艺术，从听觉元素上说音效是动画、影视创作非常重要的构成要素之一，音效是一种语言，一种内心的语言，一种音效倾诉的语言，为视频画面锦上添花。

一部影视片配上合适的音效之后才会形成音画合一的艺术效果，影视创作需要强有力的“声命力”。音效在影片中为表现主题、揭示人物内心的情感起到重要的烘托作用，加强影片艺术结构的连贯性、节奏感和完整性，同时可以弥补画面人物感情深度与强度的不足，与视觉画面相互补充，形成独特的声画造型。在与画面配合的声音中，音效是最具有渲染力和最能拓展观众想象空间的不可缺少的一个部分，音效在当代影视作品中已经承担了太多音效以外的职能。音效带出影片的节奏，加强了影片的流畅感，微妙而又直接地操纵观众的情绪，把观众带入声色合一的场景中，加深他们的体验。

本教材主要帮助学习者了解数字音效的基本常识，认识到数字音效的重要性。同时能掌握用Adobe Audition软件进行声音处理的基本流程和编辑方法，为学习者完成一部完整的影音作品打好基础。

本教材编写期间得到了各界人士的支持和帮助，在此表示诚挚的感谢。

作者

2015年9月

CONTENTS

第一章 音效基础

学习目标

帮助学生了解音效的基本概念。

帮助学生了解音效制作的基本制作流程。

学习重点

具备一定的音效作品鉴赏能力。

了解音频制作的软硬件准备。

课时安排

6课时

第一节 音效设计的意义和作用

有时，我们或许会忽略声音对于生活的重要性。试想一下我们每天要面对一台不能发声的计算机或手机时会有什么样的感受？在互联网蓬勃发展的时代，音效设计更是发挥着增强互动体验、交流的重要作用。音效用武之地广泛，涉及电影、电视、广播、戏剧、计算机游戏等多个领域，它是一种语言，一种内心的语言，一种音效倾诉的语言，为视频画面锦上添花。例如，迪斯尼动画《冰雪奇缘》在全球已经收获近10亿美元票房，并获得第50届美国电影音响协会最佳动画电影音效大奖，它的主题曲更是成为传唱模仿的经典（图1）。

在同届评比中，电影《地心引力》在获得最佳真人类电影音效大奖后又获得了第86届奥斯卡最佳音响效果、最佳音效剪辑大奖（图2）。

这些案例说明一部优秀的影视或动画片只有在配上合适的音效之后，才能形成音画合一、震撼心灵的艺术效果。音效，是影视多媒体作品强有力的“声命力”！

图1　迪斯尼动画《冰雪奇缘》获第50届美国电影音响协会最佳动画电影音效大奖

图2 电影《地心引力》获得第86届奥斯卡最佳音响效果、最佳音效剪辑大奖

第二节 音效分类

音效可以被定义为模拟故事或事件中的所有声音。音效有多种分类方法，可按制作格式、功能分类的。在本书中，根据音效设计初学者及行业常用领域的功能作一个简单的分类：

图3 原创微电影《快乐校园》剧照

一 角色音效（语言元素）

语言是人类特有的表达手段，是人与人之间交流的主要方式。而在影视作品中，语言是角色之间传达感情、交流、宣泄自己情绪的工具。在游戏、动画创作中，语言使游戏、动画角色有人的思想，具有人的感情。角色通过语言进行交流，从而演绎得更生动。在游戏、动画创作中，语言是动画角色塑造的重要部分。

二 旋律音效（音乐元素）

音乐是影片中渲染主题、烘托故事情节、调动观众情绪的主要手段。在影视、动画、游戏创作中，音乐也起着相同的作用，音乐旋律在某些环境中代替语言起着渲染的作用，用来塑造角色的形象特征、角色的动作特点、场景气氛的烘托等等。例如经典的动画剧作《幻想曲》，它巧妙地将古典音乐与动画画面紧密地结合，在这部动画片中没有鲜明的人物和故事情节，它像一部音乐艺术片，以动画的形式来解释一些著名作曲家的乐曲，使动画片与音乐和谐统一。由此可见音乐旋律是影视动画创作中诠释画面内容的主要表现方式之一（图4、5）。

图4 《幻想曲》动画剧照

三 场景音效（环境元素）

环境音效，是指一切自然界和外部环境中的声音。如一些风声、雨声、鸟鸣、流水声和人物走动或格斗的声音等等，这些声音都是在日常生活中所常听见的，运用在视频创作中，能使画面更具有现场真实感。如在动画片《飞屋环游记》中，小屋被卷入雷雨中、小狗追逐小屋的声音，都是以环境音效来加以修饰的，既增强了动画的真实感与紧迫感，又吸引观众的眼球。在电影《指环王》中，当打斗场景、施展魔法和不同族群的音效神奇地交织在一起的时候，营造出了博大深邃的意境和优美的视听效果（图6、7）。

图5 《幻想曲》动画剧照

图6 电影《飞屋环游记》剧照

图7 电影《指环王》剧照

第三节 音效制作流程

根据音效制作功能需求，我们一般按照以下流程来进行：

一 项目脚本准备

在为某个项目配音效前，先要对该脚本的主题、风格、表现手法和内容等有个详细的了解，有必要与导演等核心主创人员进行沟通，才能对脚本进行更精准的分析，然后对音效设计内容进行充分构思，例如分析哪些部分需要拟音，哪些部分需要录制旁白，找什么样的配音员，并备好相应设备器材及配音合作成员。

二 素材选择及拟音

音效制作素材一部分源自素材音效，另一部分是原创音效。素材音效制作就是挑选出类似的音效，一般挑选出多个备选音效待用；原创音效是将录音棚声音录制或户外采集作为音源，也可采集真实声音进行声音模拟（图8—10）。

三 数字音频编辑

素材声音确定后，需要进行数字音频编辑，例如降噪、均衡、剪接等，即通过系列技术手段，将声音源变为作品所需要的音效。数字音频编辑是音效制作最复杂的步骤，也是音效制作的关键所在（图11）。

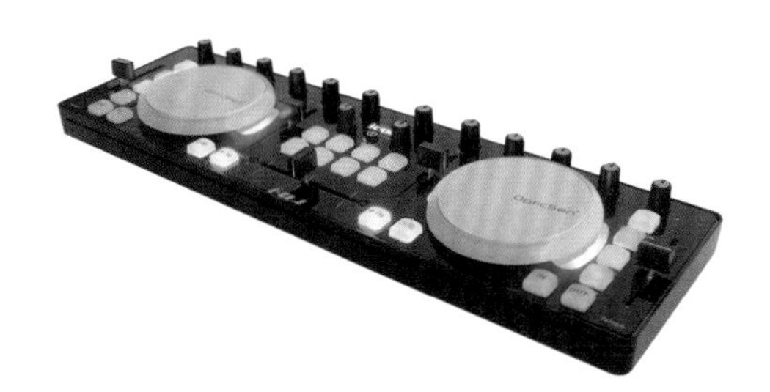

图8 使用专用设备模拟音效

图9 使用专用设备模拟音效

图10 正版专业音效库

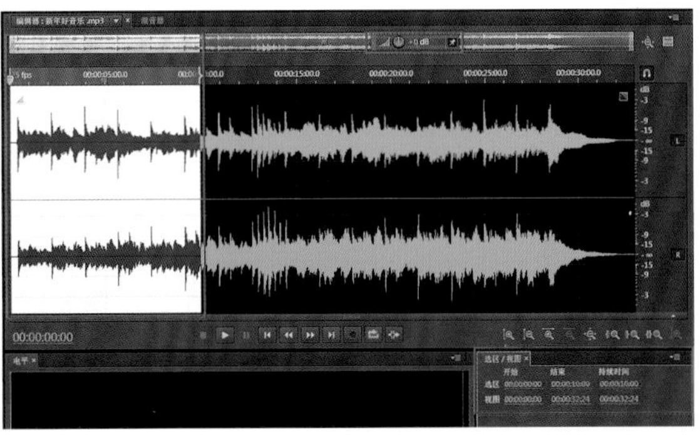

图11 数字音频编辑

四　声音合成

很多音效都不是单一的元素，需要对多个元素进行合成。比如被攻击的音效可能会由刀砍声和人呼喊的声音组成，合成不仅仅是将两个音轨放在一起，还需要对元素位置、均衡等多方面进行调整统一（图12、13）。

五　后期混音（混缩）

后期混音是指对一部作品的所有音效进行统一处理，使所有音效达到统一的过程。通常因音效数量较为庞大，制作周期较长，往往前后制作的音效会有一些听觉上的出入，这就需要后期处理来使其达到统一。此外可以根据作品需求，对所有音效进行全局处理（图14、15）。

通过以上五个步骤，一个完整的音效作品就出炉了。

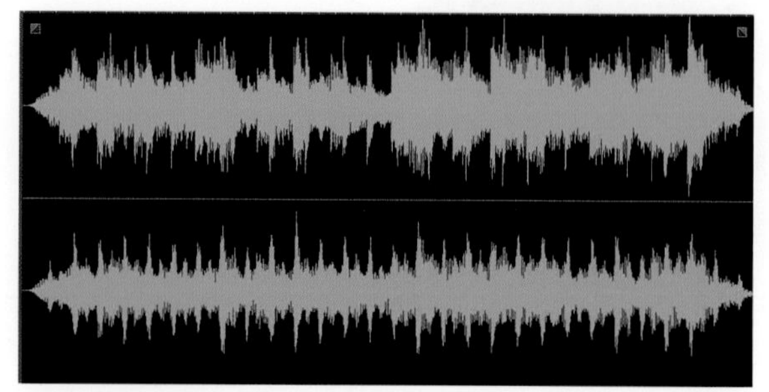

图12　音效波形

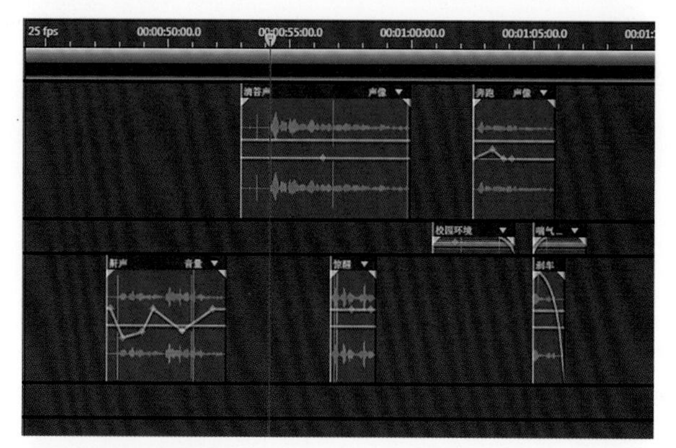

图13　素材多轨编辑

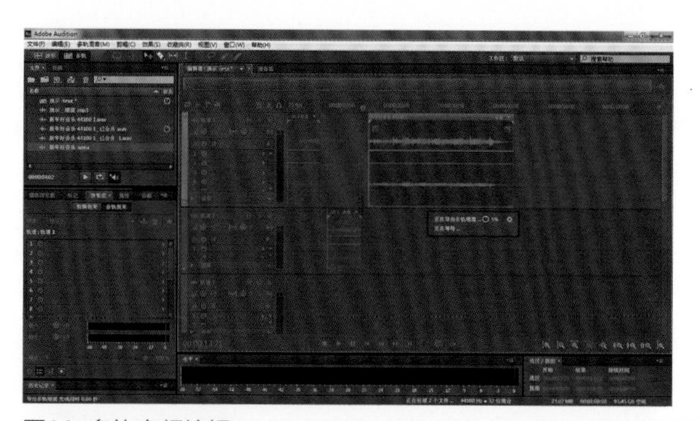

图14　多轨音频编辑

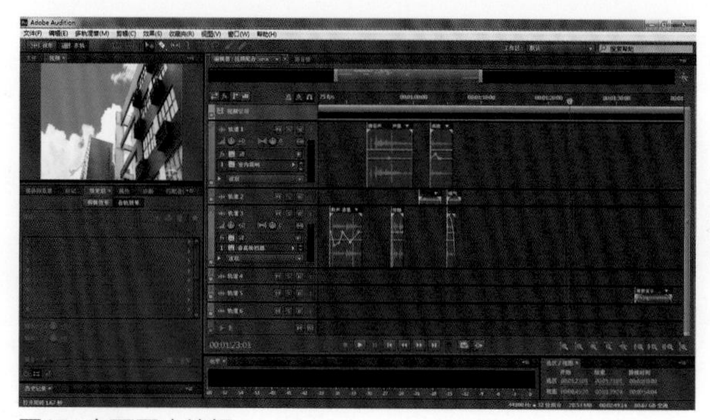

图15　音画同步编辑

第四节 音效制作条件

通常音效需要满足以下三方面的条件：

一 硬件设施

硬件设施包括高性能电脑或专用音频工作站、专业音频接口、显示器(最好是双显，将视频与音频分开更方便同步配音效)、Midi键盘、调音台、监听音箱、硬件效果器等。有一些魔法音效是由旋律组成的，这种音效更像是一小段音乐，就需要使用键盘，按照音乐制作的方式进行制作，还可以根据条件进行吸音装修，使录音和监听质量能达到一定的水准。总体来看，音效的硬件设备相对音乐制作来说门槛更低一些，而且音效制作大部分可以由电脑来独立完成（图16－18）。

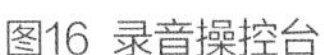

图16 录音操控台

图17 Midi键盘

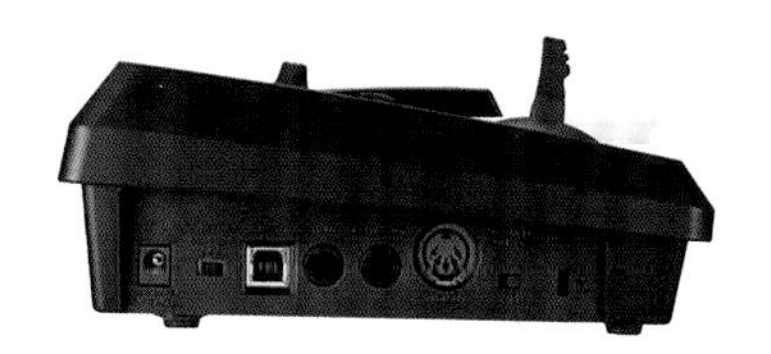

图18 Midi键盘

二 软件环境

音效制作的软件环境包括操作工具和音效素材两方面。

1. 随着计算机技术的发展，越来越多的音频编辑工作开始转移到直观、方便的软件平台上来操作了。 操作工具包括数字音频工作站、效果插件(混响器、均衡器、音调控制器、特殊效果器等)、环绕声软件、音频、视频合成软件等等，常用的音频编辑软件有Audition、Vegas、Nuendo、LogicAudio、Samplitude、Sonar、SoundForge、Wavelab等（图19－24）。

常用的音频编辑插件套件有Wave、TC works、Voxengo、UltraFunk等等（图25-28）。

这些工具平台和效果插件各具特色，需要依个人操作习惯、所满足的硬件条件等各方面来选择使用。本书会重点介绍Audition的运用方法。

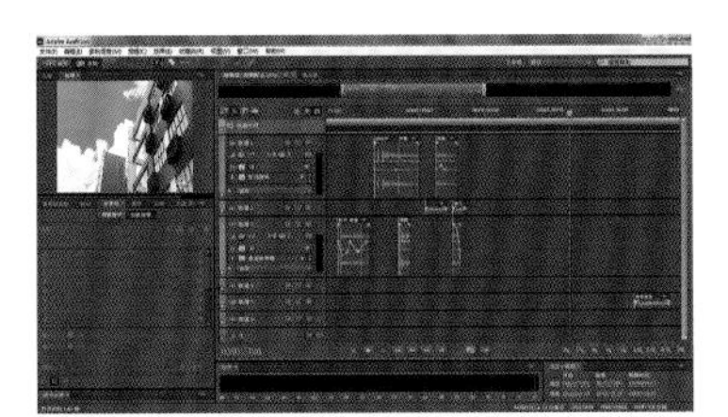

图19 Audition界面

图20 Nuendo界面

图21 Logic Audio界面

图22 音频软件

图23 音频软件

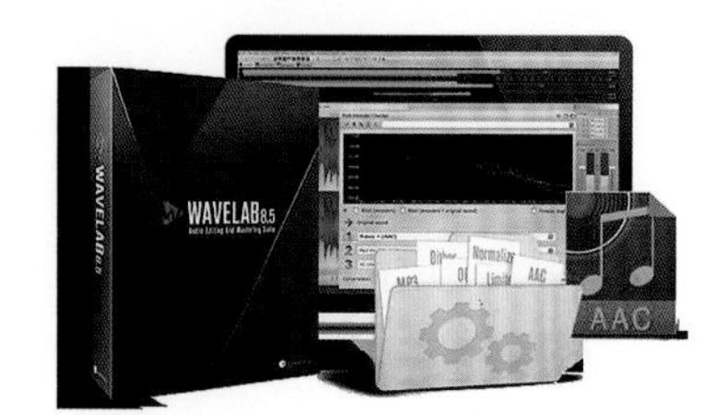

图24 音频软件

图25 音频插件

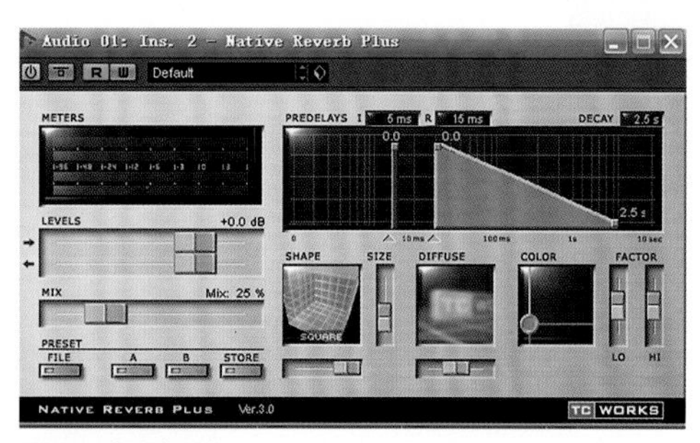

图26 音频插件

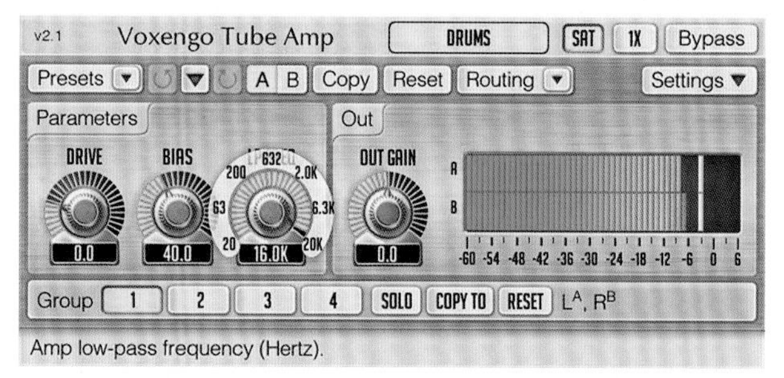

图27 音频插件

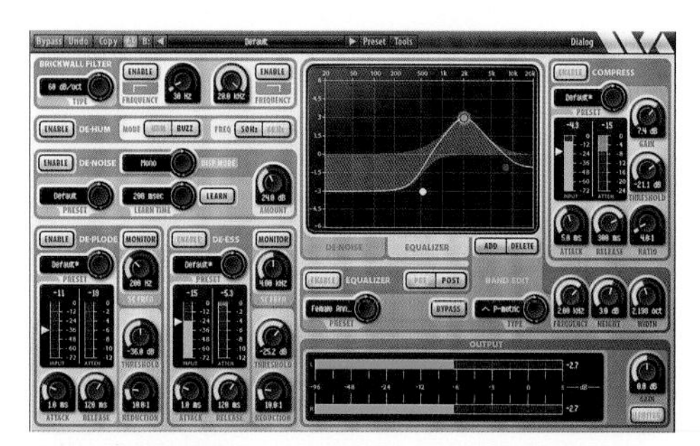

图28 音频插件

图29 正版音效素材

2. 音效素材集是音效制作的素材来源。素材集综合了地球上的大部分自然发声和电子声或特殊音效，除了一部分原创音效以外，大部分音效可以通过对素材进行剪辑、再合成、效果处理三步曲得以实现。目前世界上最专业、最全面、最广泛应用于电影、广告、游戏的音效素材集有Sound Ideas General 6000、Soundfx Library、Hollywood Edge、Bigfish Soundscan、Lucasfilm SoundFX Library系列套装音效集等等（图29）。

3. 制作人员

音效制作人员是音效制作的关键，制作人员需要熟悉各类音效，熟悉或精通数字音频编辑软件的操作和掌握相关的录音技术，最重要的是需要有专业的声音听辨能力和设计能力，特别是当音效具有多个声音元素的时候，要具备特别的敏感性。

课后训练

一、选择题（交互书联动）

以下哪个是常用的数字音频制作软件？（C）

A. Photoshop

图30

B. Illustrator

图31

C. Audition

图32

D. Coreldraw

图33

二、实训练习

1. 欣赏影片《指环王》第一部，根据音效的分类知识对影片前五分钟的内容进行音效设计分析。

图34 《指环王》电影剧照

2. 选择任意一部电影、动画或游戏作品，从角色、场景、音乐三个方面作音效设计分析。

第二章 认识声音

学习目标

帮助学生了解声音的基本特性。

学习重点

帮助学生了解一定的声学知识。

帮助学生增强音效的设计基础。

课时安排

3课时

第一节 声音属性

从听觉角度来讲，声音主要有四种属性——高低、长短、强弱、色彩（即常说的音色）。

一 音的高低

音的高低也称音高、音调，是由发音源在一定时间内的振动次数（频率）来决定的。振动次数越多，频率越高，音也就越高，反之则低。单位用赫兹(Hz)表示。

人耳能听到的声音频率范围在20Hz—20000Hz之间，对3000Hz—5000Hz之间的声音最敏感（图1、2）。

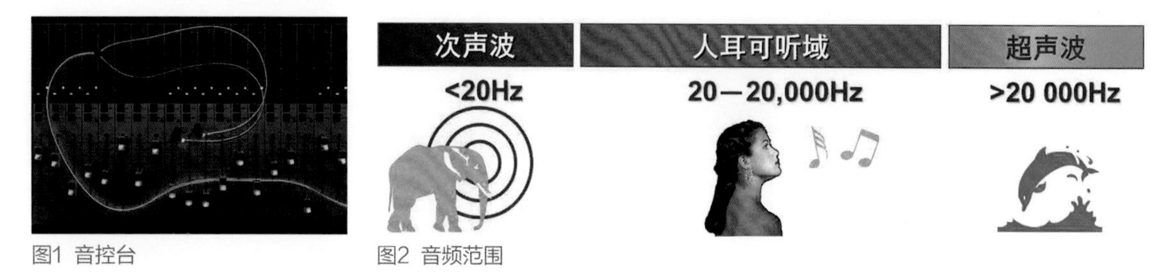

图1 音控台

图2 音频范围

二 音的长短

音的长短又称音长、音值，是由发音源振动时所持续的时间长短来决定的。持续的时间越长，音越长，反之越短。

三 音的强弱

音的强弱又称响度、声强或音量，取决于发音源的振动幅度（振幅）。幅度越大，音量越强；幅度小，音量就弱。声音的强度一般用声压（帕）或声强（瓦特 / 平方厘米)来计量，声压与基准声压比值的对数值称为声压级，单位是分贝(dB)。响度是听觉的基础。正常人听觉的强度范围为0dB—140dB。当声压级约达到140dB阈值时，人耳感进入“痛阈”。因为人耳对3000Hz—5000Hz的声音最敏感，响度级较小时，高、低频声音灵敏度明显降低，而低频段比高频段灵敏度降低更加剧烈，一般应特别重视加强低频音量。通常200Hz—3000Hz的语音声压级以60dB—70dB为宜，频率范围较宽的音乐声压以80dB—90dB为最佳。

四 音色

音色又称音品，取决于发音源的材质、形状结构、泛音数等特点，由声音波形的谐波频谱和包络决定。声音波形的基频所产生的听得最清楚的音称为基音，各次谐波的微小振动所产生的声音称为泛音。单一频率的音称为纯音，具有谐波的音称为复音。每个基音都有固有的频率和不同响度的泛音，借此可以区别其他具有相同响度和音调的声音。声音波形各次谐波的比例和随时间的衰减大小决定了各种声源的音色特征。包络是每个周期波峰间的连线，包络的陡缓影响声音强度的瞬态特性。声音的音色色彩纷呈，变化万千，高保真音响的目标就是要尽可能准确地传输、还原、重建原始声场的一切特征，使人们真实地感受到诸如声源定位感、空间包围感、层次厚度感等各种临场感的立体环绕声效果。

第二节 乐音与噪音

声带、琴弦、木头板、马达等物体振动时会发出声波并且通过空气传播进入我们的耳朵，就使我们听到了声音。声音有噪音和乐音之分（图3）。

乐音（Musical tone）：振动起来是有规律的、单纯的，并有准确的高度（也叫音高）的音，我们称它为乐音。如人的声带发出的歌声、由琴弦发出的琴音等。

噪音(Noice)：没有一定高度的音，它的振动既无规律又杂乱无章，我们称它为噪音。如木头板声、电锯马达声等（图4）。

图3 乐器

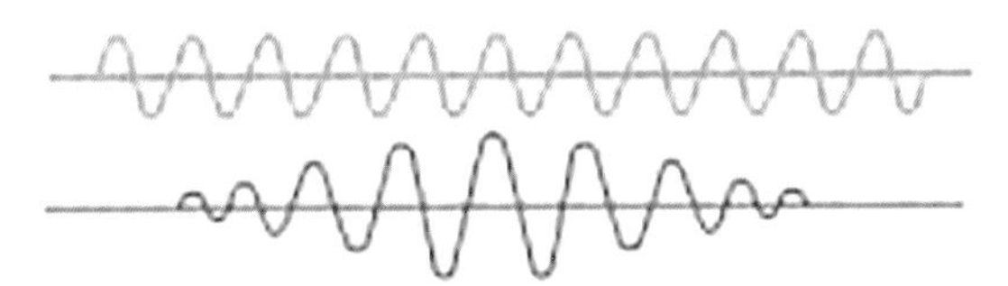

图4 音噪对比

第三节 音效与心理

当一个声音突然响起，人们会立即感觉到这个声音的高低、强弱、长短和音色特点，同时会感觉到这个声音的来向、远近和熟悉与否，并由此产生情绪变化、联想或回忆等。持续的声音则很容易被适应，听而不觉。

被人体感觉并接受的声音刺激其实就是一种信号，会转化为人的感情、思维、经验，影响人的行为。

声音是通过感觉和知觉对人的心理发生作用的。声音的感觉是指大脑听觉中枢对当时由听觉通道输入的声信号所产生的印象，是对客观音响信号辨认的最简单方式，也是辨认一切声音信号本质的起始和基础。声音的知觉是指大脑对客观声信号各个部分和属性的整体反映。这种反映是在声音感觉的基础上产生的，但又

图5 录音器材

不是感觉的简单叠加，而是具有新的品质，这表现为对声信号的整体认知或对声信号综合属性的判别，或者对声信号的意义做出的初步解释（图5）。

声音的知觉是一个主动的反映过程，人常常根据个人实践活动的需要，根据个人的心理倾向去主动地采集信息，甚至提出假设、检验假设，从而准确完整地辨认声音信号及其属性。但这过程是刹那间完成的，而且常常是下意识地完成。与声音的感觉相较，声音的知觉是影响心理行为的复杂形式，通常不是单独由听觉通道来建立，其建立过程往往涉及到听觉通道与视觉、触觉、空间觉、时间觉等通道的并联。

听觉器官对声场音响的感觉是多层次的。根据大脑中枢的指令，听觉器官可以调整对音响感觉的焦距，可以把杂乱的声响汇成一个整体来感觉，即频谱综合感；也可以分析追踪音响中的某一个频段，进行频谱的分析和跟踪，甚至可以使听觉非自觉断路，把音响淡化到听不见。这是人体为适应自然，在利用声音信息的同时规避干扰的一种遗传。

音效对于人的生理、心理以及工作效率的影响也是十分有效的。

乐音音效以旋律唤起人们的某种感情、激发人们的工作情绪，以节奏振奋人们的精神、鼓舞人们的士气。旋律、节奏的选用必须与游戏主题及游戏的实时环境相适应。比如游戏格斗的状态就不适合搭配轻软舒缓的音效。另外音量大小、播放时间长短、是否单调重复都会对音乐的效用产生影响。

例如，获奥斯卡大奖的《贫民窟的百万富翁》中的音乐、音效在电影中发挥了巨大的作用。该影片一开场，主人公出现，一个响亮的巴掌声出现后，被设计成有木鱼音色效果的钟表指针“滴答滴答”走动着,屏幕下方出现的文字独白“命中注定”的点题简洁、明了。这滴答声，像是倾诉着时间的流逝，又像是对命运的一种关注、思考。警局胖子放大了的呼吸音和浴缸里撒钱的声音，先声夺人地强化了紧张的气氛，扩展了画面二维的空间。通过几个响亮的巴掌声贯穿在了节目现场与审讯室之间，成功地设置了悬念，观众的情绪也很快被带动起来，达到了意想不到的效果（图6-9）。

图6 《贫民窟的百万富翁》电影剧照（主人公在警察局受审）

图7 《贫民窟的百万富翁》电影剧照（字幕独白结合音效）

图8 《贫民窟的百万富翁》电影剧照（主人公参加电视节目）

图9 《贫民窟的百万富翁》电影剧照（警长审问，主人公被掌脸）

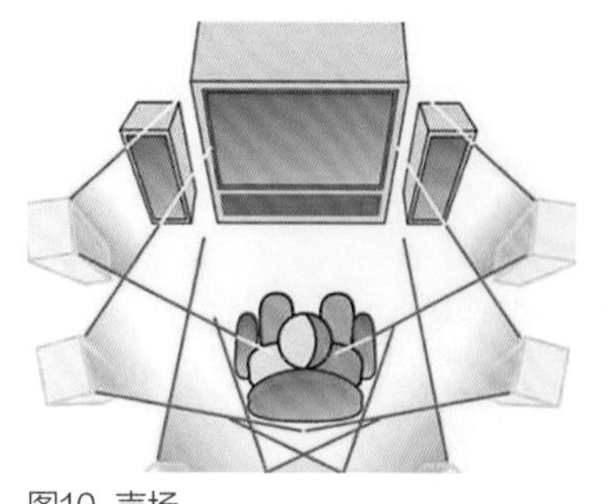

图10 声场

声音作为对人的感觉器官起直接作用的重要外部刺激，是以数字逻辑形式结合着人的思维发生作用的。在漫长的发展进化过程中，人类突出了视、听、味、嗅、冷热、痛、触等感觉，特别是视、听觉有专门的器官来收集外部刺激，这说明了人体本身对光线和声音的需要。感觉隔离对健全心理是一个极大的障碍。听觉的静效应就说明了这点。

对于一般人，声音的作用是通过与人体互动来体现的。因此，广义来说，人不需要的声音就是噪音。因此，哪怕一首优美的歌曲，如果不契合人的心理需要（特别是情绪需要和求异心理），都会对人的心理 （特别是情绪）产生消极作用，甚至通过刺激神经细胞和内分泌损害人的生理健康。同样，一些碎玻璃声、急刹车声等不规则声波，如果能满足人的心理需要，就不再是噪音（图10）。

音效设计对人类心理发展的影响是相当大的，是一种再创造，是感觉、思维、信息感知的载体，并给人以巨大的想象空间。

课后训练

一、选择题

达到人耳痛阈值范围的声压级是以下哪个？（B）

A. 50dB　B. 140dB　C. 110dB　D. 120dB

二、实训练习

1. 试听《我爱你中国》（叶佩英演唱）、《美丽的草原我的家》(德德玛演唱)两首歌曲，感受女高音、女中音音调、音色的特性。

图11 叶佩英

图12 德德玛

2. 试听歌曲《滚滚长江东逝水》（杨洪基演唱），感受男中音音色的特性，品味美声结合中国传统曲艺的演唱方法所展现的艺术魅力。

图13 杨洪基

第三章 数字音频基础

学习目标

帮助学生掌握Adobe Audition CC数字音频软件的基本使用方法。

帮助学生了解数字音频基础知识。

学习重点

掌握Adobe Audition软件中具体工具的使用方法。

课时安排

24课时

第一节 数字音频与模拟音频

声音按照记录存储形式的不同，可以分为模拟音频和数字音频。

一 模拟信号

模拟信号是由连续的、不断变化的波形组成的，信号的数值在一定范围内变化（图1）。

通过空气或电缆传输，麦克风可以将这些信号进行采集转化，并通过磁带、黑胶唱片等载体将音频信息存储下来。

二 数字音频

计算机的产生为音频处理带来了极大的方便，它以二进制数字化的方式存储音频信息，原始波形被分解为单独的数据样本元素，这个过程被称为音频的数字化采样，可以将模拟音频转为数字音频（图2）。

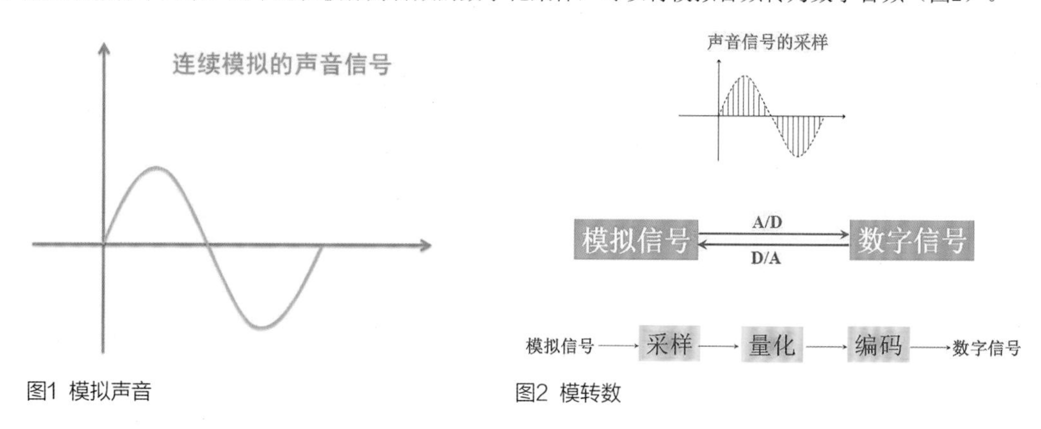

图1 模拟声音

图2 模转数

三 数字音频与模拟音频的比较

数字音频与传统的模拟音频技术相比，优势显著。数字音频的发展，音频存储的介质对音质有很高保证，而且存储方便、安全，存储容量也够充分，如DVD光盘、硬盘等（图3-5）。

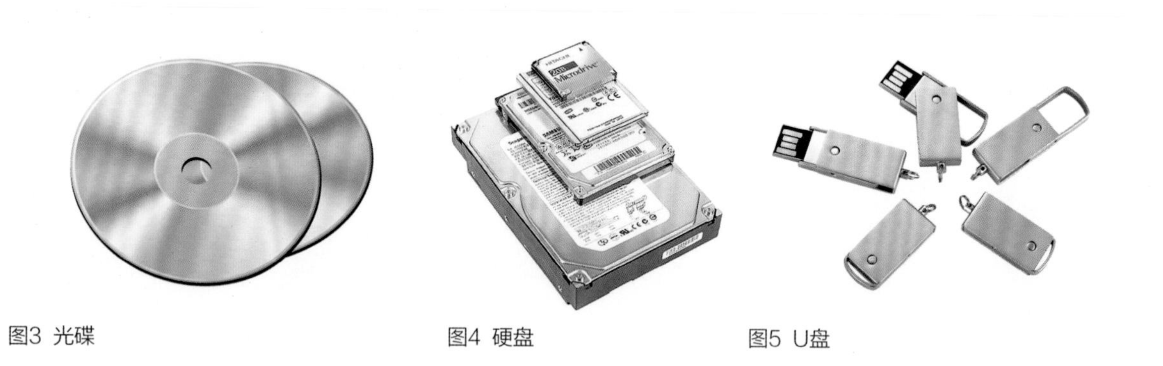

图3 光碟

图4 硬盘

图5 U盘

而传统的模拟音频技术需要将声音存储在磁带或黑胶唱片等模拟介质中，会受温度、湿度的影响而破坏、损坏，不易保存，音质也会随着时间和环境变化而衰减（图6、7）。

在声音的后期处理和压缩方面，传统的模拟音频技术很难进行复杂的再加工，压缩比例也受限，但是对于数字音频技术来说，音频的后期制作处理有着强大的发挥空间。

图6 唱机

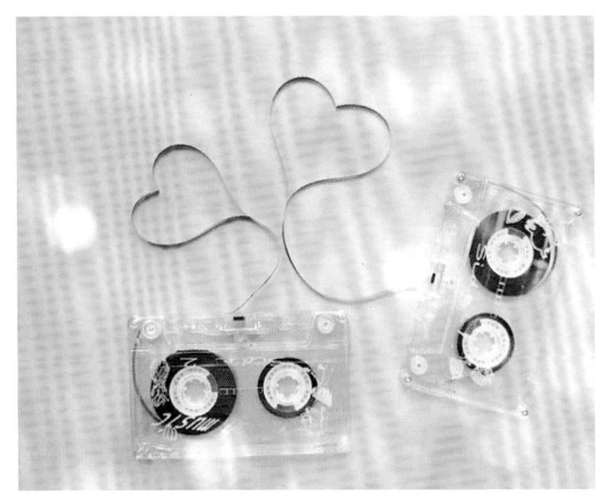

图7 磁带

第二节 采样率与位深度

一 采样率

采样率是指每秒的音频被分解成多少份数据样本元素，决定了音频文件的频率范围。采样率越高，音质越好；采样率越低，声音失真就越大。在数字音频的制作中，采样率的选择是音质的保证。如图8所示是常用数字音频的采样率。

二 位深度（Bit Depth）

位深度决定音频动态范围。高比特位深度可以提供更多可能性的振幅值，动态范围大，噪声低，提高保真度。通常CD及一般数字音频都采用16（Bit Depth）位宽，有些Hi-Fi音频系统会使用32位宽。以下是常用数字音频的位深度（图9）。

采样率	品质	频率范围
11025Hz	AM广播和低端多媒体	0—5512Hz
22050Hz	FM广播和高端多媒体	0—11025Hz
32000Hz	广播级标准（略高于FM广播）	0—16000Hz
44100Hz	CD	0—22050Hz
48000Hz	DAT	0—24000Hz
96000Hz	DVD	0—48000Hz

图8 采样率对比

采样率	品质	振幅值	动态范围
8-bit	电话	256	48dB
16-bit	CD	65536	96dB
24-bit	DVD	16777216	144dB
32-bit	最高	4294967296	192dB

图9 位深度对比

第三节　声道数与存储格式

图10

一　声道(Sound Channel)

声道是指声音在录制或播放时在不同空间位置采集或回放的相互独立的音频信号，所以声道数也就是声音录制时的音源数量或回放时相应的扬声器数量。以常规CD音频为例，它有左声道和右声道，所以用两列样值分别记录，声道数为2（图10）。

二　存储格式

在计算机内播放或是处理音频文件，就要对声音文件进行数、模转换，并以某种格式来进行音频文件的存储，这个过程同样由采样和量化构成。人耳所能听到的声音，最低的频率是从20Hz起一直到最高频率20000Hz，20000Hz以上的频率人耳是听不到的，因此音频文件格式的最大带宽是20kHz，故而采样速率需要介于40Hz—50000Hz之间，而且对每个样本需要更多的量化比特数。音频数字化的标准是每个样本16-96分贝的信噪比，采用线性脉冲编码调制PCM，每一量化步都具有相等的长度。在音频文件的制作中正是采用这一标准。

音频格式很多样，常见的音频格式包括：CD格式、WAVE（*.WAV）、AIFF、AU、MP3、Midi、WMA、RealAudio、VQF、OggVorbis、AAC、APE等。

CD格式是音质比较高的音频格式。在大多数播放软件的“打开文件类型”中，都可以看到*.cda格式，这就是CD音轨了。标准CD格式也就是44.1k的采样频率，速率88k/秒，16位量化位数。因为CD音轨可以说是近似无损的，因此它的声音基本上是忠于原声的。如果你是一个音响发烧友的话，CD是你的首选，它会让你感受到天籁之音。

WAV格式是微软公司开发的一种声音文件格式，也叫波形声音文件，是最早的数字音频格式，被Windows平台及其应用程序广泛支持。WAV格式支持许多压缩算法，支持多种音频位数、采样频率和声道，采用44.1kHz的采样频率，16位量化位数，因此WAV的音质与CD相差无几，但WAV格式对存储空间需求太大不便于交流和传播。

MP3格式其实就是一种音频压缩技术，由于这种压缩方式的全称叫MPEG Audio Layer 3，所以人们把它简称为MP3。MP3是利用MPEG Audio Layer 3的技术，将音乐以1：10甚至1：12的压缩率压缩成容量较小的文件，换句话说，能够在音质丢失很小的情况下把文件压缩到更小的程度，而且还非常好地保持了原来的音质。MP3编码质量分为：固定码率(CBR)、平均码率(ABR)和动态码率(VBR)。目前新开发的MP3Pro是MP3编码格式的升级版本。

WMA的全称是Windows Media Audio，是微软力推的一种音频格式。WMA格式是以减少数据流量但保持音质的方法来达到更高的压缩率的目的，其压缩率一般可以达到1：18，生成的文件大小只有相应的MP3文件的一半。这对只装配32M的机型来说是相当重要的，支持了WMA和RA格式，意味着32M的空间在无形中扩大了2倍。

MID是Midi的简称，是它的扩展名。Midi是英语Music Instrument Digital Interface的缩写，翻译过来就

是“数字化乐器接口”，也就是说它的真正含义是一个供不同设备进行信号传输的接口。我们如今的Midi音乐制作全都要靠这个接口，在这个接口之间传送的信息也就叫Midi信息。Midi最早是应用在电子合成器——一种用键盘演奏的电子乐器上。由于早期的电子合成器的技术规范不统一，不同的合成器的链接很困难，在1983年8月，YAMAHA、ROLAND、KAWAI等著名的电子乐器制造厂商联合指定了统一的数字化乐器接口规范，这就是Midi1.0技术规范。此后，各种电子合成器以及电子琴等电子乐器都采用了这个统一的规范，这样，各种电子乐器就可以互相链接起来，传达Midi信息，形成一个真正的合成音乐演奏系统。

还有很多应用格式，本教材暂不一一展开介绍。

第四节 初识Adobe Audition

数字音频编辑又称非线性音频编辑，是指利用数字化手段对声音进行录制、存放、编辑、压缩和播放的技术，能帮助人们简单快速地完成各种声音处理工作。与传统音频编辑技术相比，数字音频编辑具有突出的先进性。

一 非线性音频编辑Adobe Audition的介绍

Adobe Audition是一个专业音频编辑和混合环境，如图11所示，其前身为“CoolEdit pro”。Adobe Audition专为在广播设备和后期制作设备方面工作的音频和视频专业人员设计，可提供先进的音频混合、编辑、控制和效果处理功能。最多可混合128个声道，可编辑单个音频文件，创建回路，并可使用45种以上的数字信号处理效果。

Adobe Audition是一个完善的多声道录音室，可提供灵活的工作流程并且使用简便。无论是要录制音乐、无线电广播还是为录像配音，Adobe Audition中恰到好处的工具均可为用户提供充足的动力，创造最高质量的音响。目前Adobe Audition的最新版本是Adobe Audition CC 2014（7.0）。本教材在后面的章节中将主要给读者讲述如何使用Adobe Audition CC来录制和编辑音频。

图11 软件启动图

二 Adobe Audition CC的安装步骤

STEP1

在安装光盘中运行Adobe Audition CC Setup.exe程序，等待几分钟之后将弹出欢迎界面。如果已拥有序列号，可以选择“安装”选项；如果还没有序列号，只想在有限时间内使用软件，可以选择“试用”选项，如图12所示。本教材会以“试用”为例来说明安装过程。

图12

STEP2

选择“试用”选项，进入下一画面，单击“接受”按钮，这意味着用户能够接受Adobe Audition软件许可协议的内容，如图13所示。

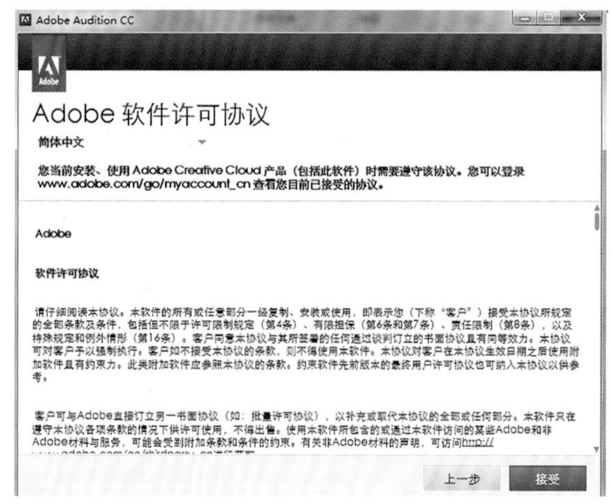

图13

STEP3

进入下一画面，这时需要使用电子邮箱进行登录，如图14所示。

图14

图15

STEP4

选择Adobe Audition CC软件后，单击“安装”按钮，建议默认安装地址为C盘根目录，如图15所示。

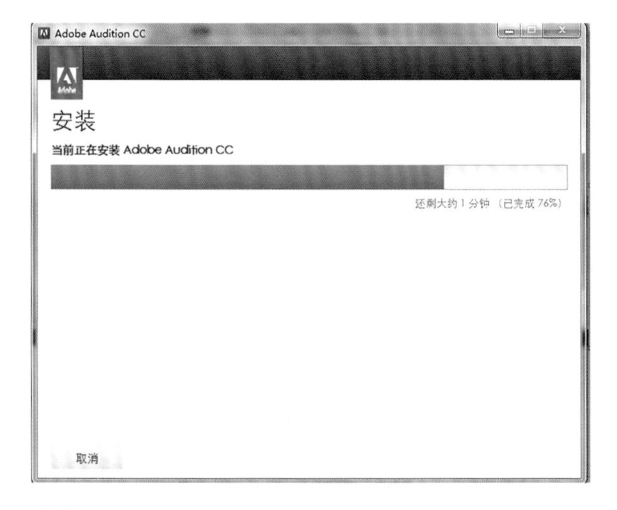

图16

STEP5

软件开始安装，在安装过程中，界面会显示安装进度，如图16所示。

图17

STEP6

等到安装完毕后，如图17所示，即可立即启动或在“开始”菜单中启动Adobe Audition CC软件，为了方便学习和使用，可以使用汉化包对Adobe Audition CC进行汉化。

三 Adobe Audition CC界面及功能介绍

1.Adobe Audition CC提供了三种专业工作视图界面，包含波形视图、多轨视图和CD视图。这三种视图分别针对单轨编辑、多轨合成与刻录音乐CD。这三种视图虽然为不同的工作阶段而设计，但却拥有一些相同的基本元素，主要包括菜单栏、工具栏、编辑窗口、多种其他功能面板和状态栏，下面以多轨视图来展示这些主要元素，如图18所示。

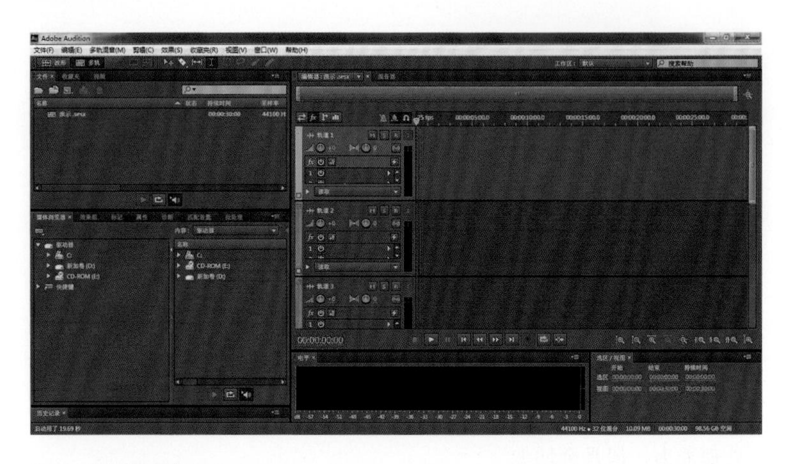

图18 多轨视图窗口

2.波形编辑器和多轨编辑器，如图19、20所示。

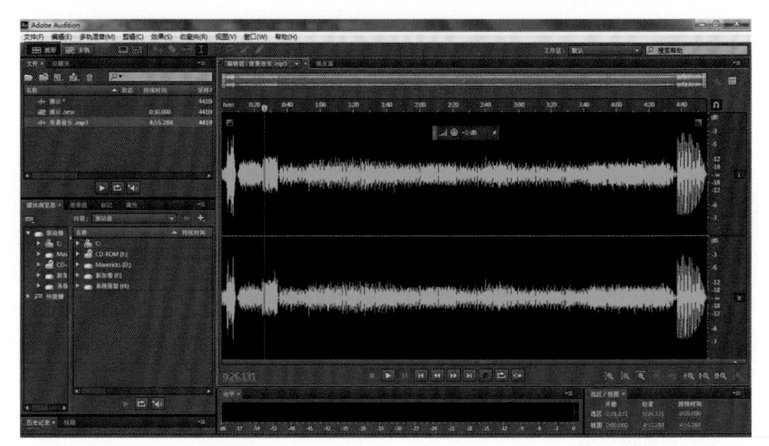

图19 波形（单轨）编辑器

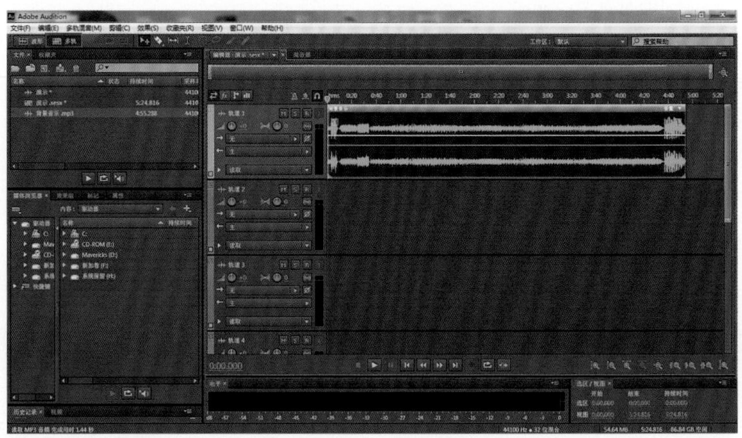

图20 多轨编辑器

Adobe Audition若要编辑单个文件，请使用波形编辑器。要混音多个文件并将它们与视频集成，请使用多轨编辑器。

在菜单栏中选择“视图”命令，可以在编辑视图、多轨视图和CD视图之间进行切换，对应的快捷键分别为8、9和0。单击工具栏上的编辑视图按钮、多轨视图按钮也可以进行相应的切换（图21）。

在多轨视图下，双击一个音频素材片段，可以在编辑视图中将其打开。同样的，在文件调板中双击一个音频文件，也可以在编辑视图中将其打开。还可以在主调板或文件调板中选择一个音频文件，并在文件调板中单击“编辑文件”按钮，转到编辑视图下对其进行编辑（图22）。

“波形”和“多轨”编辑器使用不同编辑方法，且每个方法都有其独特优势：波形编辑器使用破坏性方法，这种方法会更改音频数据，同时永久性地更改保存的文件。当转换采样率和位深度、母带处理或批处理时，这样的永久更改更可取。多轨编辑器使用非破坏性方法，这种方法是非永久性的和即时的，需要更强大的处理能力，但是会增加灵活性，当逐渐构建和重新评估多图层的音乐创作或视频原声带时，此灵活性是更可取的。

您可以合并破坏和非破坏性编辑以适合项目的需求。例如，如果多轨剪辑需要破坏编辑，仅需双击它以输入波形编辑器。同样，如果编辑的波形包含有不喜欢的最近的更改，请使用“撤消”命令来恢复到前一个状态，直到您保存了文件，才可应用破坏性编辑。

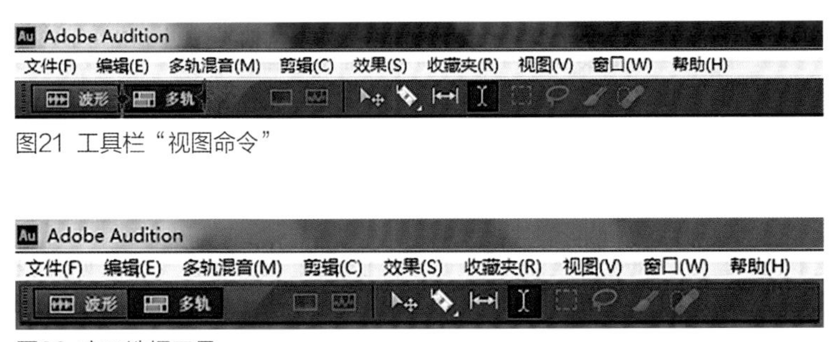

图21 工具栏“视图命令”

图23 窗口选择工具

图22 编辑文件命令

3.界面基本的操作方法

在Adobe Audition CC中，无论处于哪一种界面下，都会包含一些相同的基本元素，本节将着重讲解这些基本要素的操作方法。

（1）显示工具栏。Audition的工具栏提供了使用各种工具、切换到两种视图和各种工作空间的最快捷的方式。有些工具是专为某些视图而设计的，其中的一些编辑视图工具只有在音频频谱视图下才有效。默认状态下，工具栏紧靠在菜单栏的下方。可以像操作其他面板一样，使用拖曳的方法将其转换为工具面板，并将其放置在软件窗口中的任何位置。使用“窗口”菜单命令可以打开或关闭工具栏（图23）。

（2）视图缩放。可以通过缩放的方式对主面板中的时间线视图显示进行调整。要完全根据工作需要调节缩放的级别。例如，可以进行放大以查看音频文件或多轨项目的细节，进行缩小以进行整体预览。Audition提供了多种缩放的途径，既可以通过缩放调板中的按钮来进行缩放，也可以通过滚动条和标尺来实现（图24、25）。

如果当前没有显示缩放调板，可以使用菜单“窗口”命令调出缩放调板。

其中单击“垂直放大”按钮，可以增加编辑视图中音频波形的纵向显示精度或减少多轨视图中显示的音轨数量。单击“水平放大”按钮，可以水平放大可视区域的波形或项目。单击“缩放选择”按钮，可以对

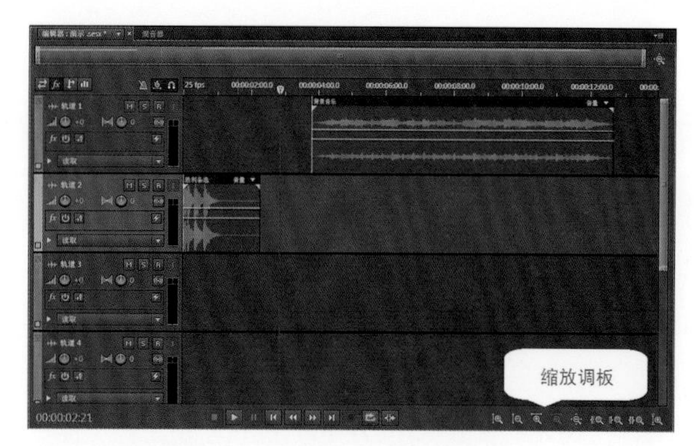

图24 横向缩放

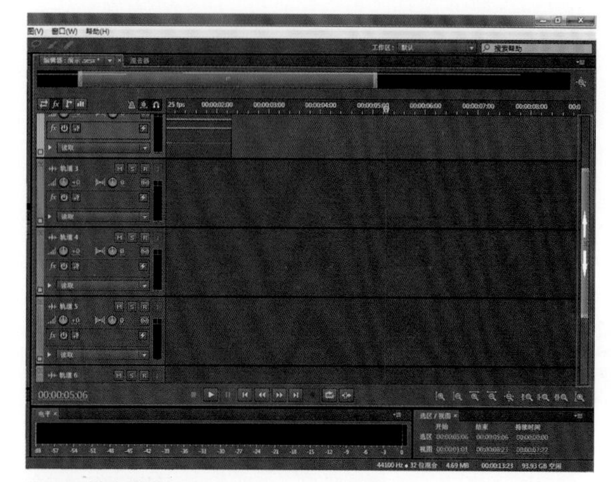

图25 纵向缩放

图26 滚动视图

选中的区域进行水平放大，以匹配当前视图。单击“出点放大”选择按钮，可以以当前选中区域的右边线为基准进行水平放大。单击“入点放大”选择按钮，可以当前选中区域的左边线为基准进行水平放大。单击“水平缩小”按钮，可以水平缩小可视区域的波形或项目。单击“缩小全轴”按钮，可以在编辑视图中显示全部音频波形，或在多轨视图中显示整个项目。单击“垂直缩小”按钮，可以减少编辑视图中音频波形的纵向显示精度，或增加多轨视图中显示的音轨数量。

（3）滚动视图。当视图的放大级别较高的时候，就要对视图进行滚动，以在编辑窗口中查看不同的音频内容。此操作可以通过滚动条来实现（图26）。

（4）各面板的定位与结组

鼠标点住某面板的凸起标签，将其拖放至另一个调板或调板组上方时，另一个调板会显示出六部分区域，包括环绕调板四周的四个区域、中心区域以及标签区域。鼠标指向某个区域时，此区域高亮显示为目标区域。拖放至四周的某个区域，调板会被放置在另一个调板或调板组相应方向的区域中，并且平分占据原调板或调板组区域的位置（图27、28）。

拖放至中心或标签区域，调板会与另一个调板或调板组结组，对于原调板区域的位置并无影响。如果拖曳调板左上角的调板标签，将移动单个面板；如果拖曳调板右上角的夹角区域，将移动整个调板组。

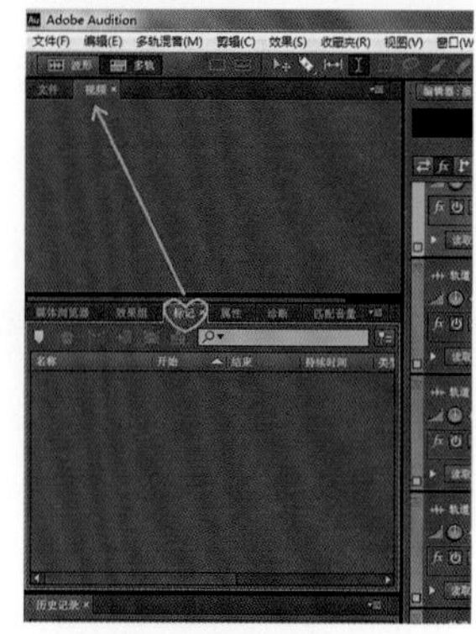

图27 面板拖移轨迹

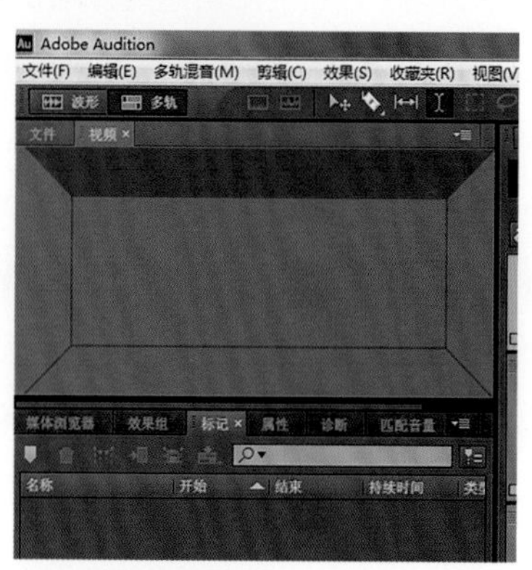

图28 面板拖移定位

四 Adobe Audition CC编辑基础（视频文件见数字教材）

使用Audition可以轻松地对音频文件进行剪切、复制、修饰、淡化以及其他效果制作。也可以放大音频文件进行精细化处理，与此同时还可以从顶部的总览窗口看到音频文件的全貌。本节会介绍一些常用功能。

1.在波形编辑窗口中导入文件进行剪辑。在Audition中可以同时打开多个文件，在主“波形”视图中错落显示。可以通过“编辑”面板的下拉菜单选择其中某个文件。

STEP1

网上下载《生日快乐》歌曲的MP3文件至本地电脑，选择菜单“文件”命令中的“打开”按钮，导航至音频下载的文件夹，找到该音频文件，然后单击“打开”按钮。或者也可以直接将音频文件拖曳至编辑窗口中。

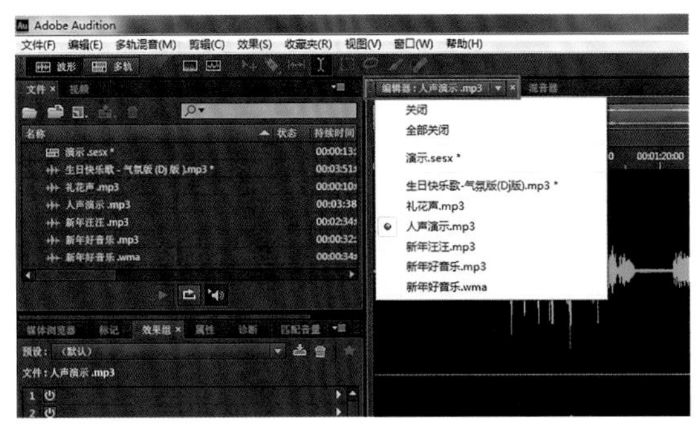

图29 文件列表

STEP2

如果要同时打开多个文件，选择菜单“文件”命令中的“打开”按钮，导航至音频下载的文件夹，按住“Ctrl”键选择多个所需音频文件，然后加载选中的相关文件。

STEP3

单击“编辑器”面板的文件选择下拉菜单（在波形的上方靠左的位置），可以看到加载的文件列表。单击任何一个文件，即可在“波形”视图中打开它。或者单击“关闭”按钮以关闭列表中的当前文件（即在“编辑器”面板中显示的那个文件）（图29）。

（请在ibooks应用里搜索下载《数字音效制作》，免费下载数字教材上册，观看教学视频）

2.选择性编辑及音量的调整。要开始编辑音频，你需要先选择一个文件,并明确希望编辑其中的哪一部分。这个过程称为“选取”。以波形编辑窗口为例来介绍。

STEP1

网上下载《新年好》歌曲的MP3文件至本地电脑，选择菜单“文件”命令中的“打开”按钮，导航至音频下载的文件夹，找到该音频文件,然后单击“打开”按钮。或者也可以直接将音频文件拖曳至编辑窗口中。

STEP2

单击“播放”按钮，完整欣赏载入编辑窗口的文件。

STEP3

单击歌曲《新年好》的开始处,然后拖至第10秒处（也可以在时间窗口中直接输入选择的起始点）。当选择了需要编辑的部分，这部分音频呈现出亮白色背景。也可以通过选中这一区域的左右边界并以拖动的方式进行入点和出点的微调。此时，编辑窗口还会浮出一个小的音量控制旋扭（图30）。

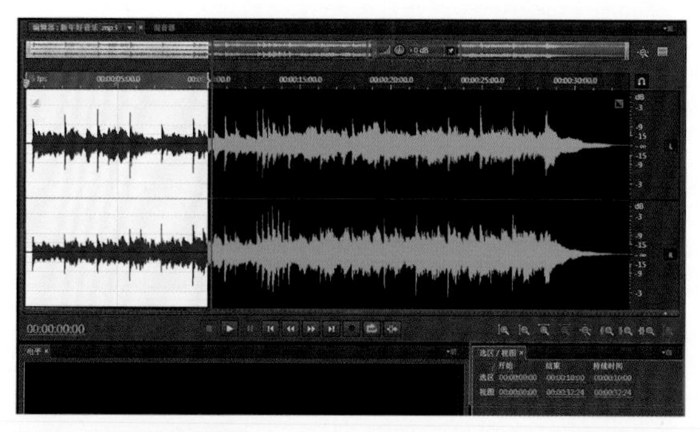

图30 各个效果调整

STEP4

单击音量控制旋钮，向上拖动以增加音量至+3dB，要预览这个效果则可以单击“播放”。随后可以单击波形的任意位置取消选择。

STEP5

如果电平设置恰当则大功告成。如果效果不理想，选择“编辑”命令中的撤销增幅，或按“Ctrl+Z”（“Command+Z”）组合键。然后再次调整电平，试听效果，与上步的操作相同。

STEP6

当你对电平调整感到满意时，在波形的任意位置单击可取消选择。Audition会保留音量的变化，因为在改变时音量随即在发生变化，如果选择“撤销”编辑，这些改变将会被保留。

STEP7

如果在编辑窗口中任意位置双击鼠标，则可以选中整个文件。

3.音频的剪切、删除和粘贴

剪切、删除和粘贴音频区域对于编辑音频文件非常有用，可以从音频中删除不需要的声音内容，下面以波形剪辑窗口为例进行介绍。

（1）剪切、删除和静音。假设在歌曲录制中，在正式演唱内容开始之前，有时会有咳嗽之类的杂音被录制下来，我们可以选中杂音区域的音频，按“Delete”键进行删除，或者鼠标右击，弹出快捷菜单，选择“剪切、删除、静音”等命令，都可以去除不需要的杂音。其中“静音”可以保持原有音频的时间长度，而“剪切和删除”则会减去音频的时间长度，可以根据需要进行选择（图31）。

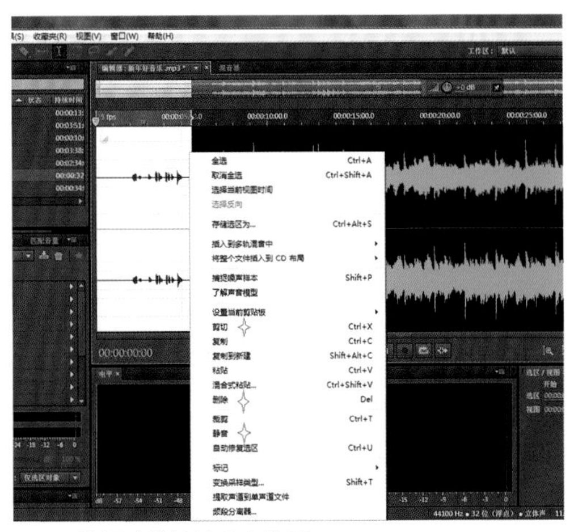

图31 剪辑功能快捷命令位置

（2）多个剪贴板剪切和粘贴

在文字处理软件中，通常会复制一个句子到剪贴板，然后从剪贴板粘贴到文本中的其他位置。Audition的剪贴板工作原理与之类似，而且提供了5个剪贴板，可以暂存5个不同的音频片段，还可以将其分别粘贴到其他位置。

STEP1

网上下载《新年好》歌曲的MP3文件至本地电脑，选择菜单“文件”命令中的“打开”按钮，导航至音频下载的文件夹，找到该音频文件，然后单击“打开”按钮。或者也可以直接将音频文件拖曳至编辑窗口中。

STEP2

选择音频文件起点至第10秒的音频部分，点击菜单“编辑”命令，设置“当前剪贴板”，并选择“剪贴板1”（它可能已经被选中）。也可以通过按“Ctrl+1”（“Command+1”）组合键选择此剪贴板（图32）。

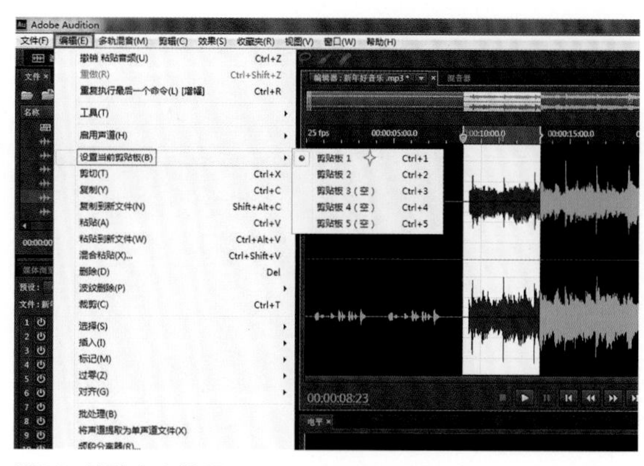

图32 剪贴命令位置

STEP3

选择菜单“编辑”中的“剪切”命令，或按“Ctrl+X”（“Command+X”）组合键使之存储在剪贴板1中。

原本在菜单中“剪贴板1”旁出现的“空”字也将不再出现。

STEP4

选取音频文件中第15秒至第23秒的音频文件部分，选择菜单“编辑”设置当前剪贴板，选择剪贴板2，也可以按“Ctrl+2”（“Command+2”）组合键使剪贴板2成为当前剪贴板。

STEP5

选择菜单“编辑”中的“剪切”命令，或按“Ctrl+X”（“Command+X”）组合键使之存储在剪贴板2中。

STEP6

移动“时间选择指针”至第30秒位置，按“Ctrl+1”（“Command+1”）组合键选择剪贴板1，然后选择菜单“编辑”中的“粘贴”命令，或按“Ctrl+V”（“Command+V”）组合键，即可发现之前第一次被裁切的内容已被复制粘贴到新定位的位置（图33）。

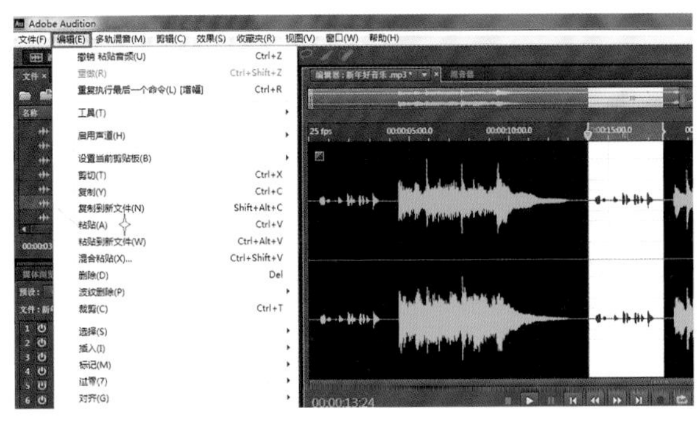

图33 粘贴命令动作

STEP7

移动“时间选择指针”至第3秒位置，按“Ctrl+2”（“Command+2”）组合键选择剪贴板2，然后选择菜单“编辑”中的“粘贴”命令，或按“Ctrl+V”（“Command+V”）组合键，即可发现之前第二次被裁切的内容同样被复制粘贴到新定位的位置。

STEP8

重复以上的步骤就可以再使用剪贴板3、4、5来进行剪切粘贴的工作。

（3）混合粘贴

STEP1

选择一段音频文件，按“编辑”中的“复制”命令或直接选择“Ctrl+C”(“Command+C”)组合键将选择区域复制到当前剪贴板。

STEP2

移动“时间选择指针”至新定位置。

STEP3

选择菜单“编辑”中的“混合粘贴”命令，出现一个对话框，可以选择“粘贴类型”，并可以调整音频电平值。若选择“混合粘贴”，即可以将现有的音频混合与剪贴板中的音频进行重叠混合（图34、35）。

图34 混合粘贴命令

图35 混合粘贴设置

4.多轨编辑窗口的裁剪与合并（视频文件见数字教材）

在多轨编辑器中，可以将多个音频和Midi素材片段进行混合，形成分层音轨，同时利用其工具整理剪辑、添加效果、更改电平和声像，还可以创建总音轨向各音轨传递各种效果以创建音频作品。例如，用一条音轨存放小提琴，一条存放钢琴，还有一条存放打击乐器，依次类推。音轨可以包含单个的长剪辑，也可以存放多个相同或不同的短剪辑。在音频轨道中一段剪辑甚至可以放置于其他剪辑之上（只能播放最上层音频），或进行覆盖，或是创建交叉淡化。

多轨视图提供了一个相对复杂的实时编辑环境,可以在回放时更改设置,并且立刻听到结果。在多轨视图中的任何编辑操作的影响都是暂时的、非破坏性的。如果之后对混音结果不满意，可以对原始文件进行重新混合,自由地添加或移除效果,以改变音质。

（1）多轨项目文件的特性

在多轨视图编辑完毕进行保存时,会将源文件的信息和混合文件保存到项目(.sesx)文件中。项目文件相对较小,是因为其中仅包含了源文件的路径和相关的混合参数，例如，音量、声像和效果设置等。

（2）在多轨视图中选择区域

在多轨视图中,使用工具栏中的“时间选择工具”可以选择一个区域。选择该功能时，若将鼠标右击还可以迅速切换成移动工具，可以任意拖移素材片段，所以它兼有了混合工具的作用（图36）。

（3）添加、插入或删除轨道

根据工作需要，可以使用添加轨道命令，一次性添加不同类型的多条轨道，还可以在指定的位置单独添加轨道。

具体方法就是使用菜单命令中的“多轨混音”，在弹出的对话框中，选择所需添加的轨道类型，视频轨道添加也是用此方法（图37）。

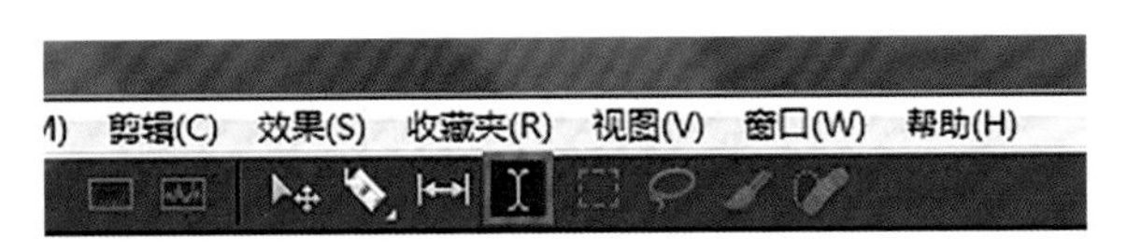

图36 时间选择工具

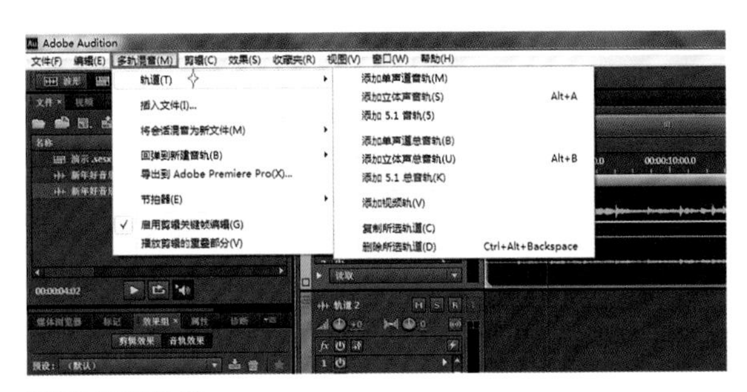

图37 添加轨道

（请在ibooks应用里搜索下载《数字音效制作》，免费下载数字教材上册，观看教学视频）

（4）命名和移动轨道

在多轨编辑器中的每条轨道都可以命名，只要点击轨道面板上的命名框，填入命名内容即可，这样可以更好地方便识别轨道内容（图38）。

单击某条轨道面板左上角区域，鼠标会自动切换成抓手工具，点住轨道即可任意将轨道拖曳至目标位置（图39）。

（5）轨道输出音量设置

可以在轨道面板或混音器面板上设置调节轨道的输出音量（图40、41）。

图38 轨道命名

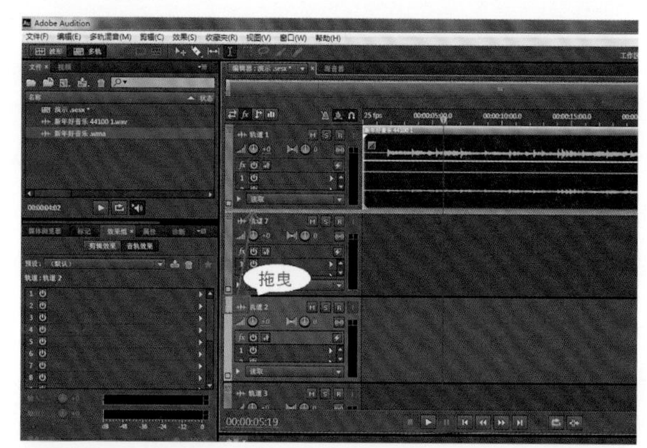

图39 改变轨道位置

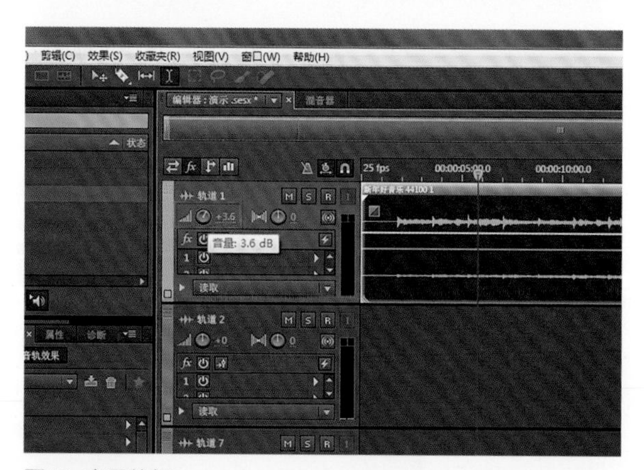

图40 音量旋钮

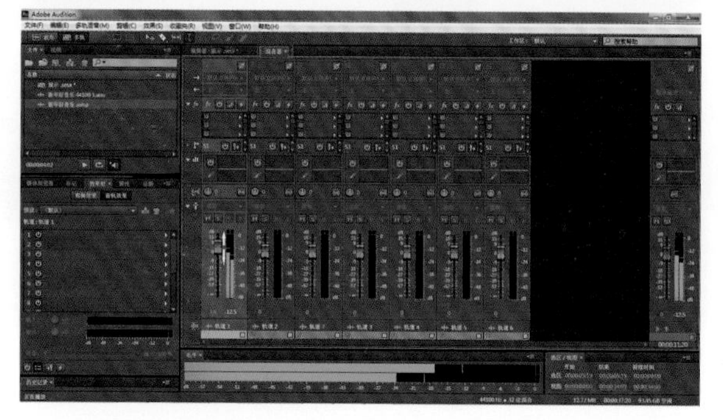

图41 混音器电平音量显示

（6）轨道静音和独奏

可以对轨道进行独奏，以将其从项目中的其他轨道中分离出来，单独预览。反之，还可以将轨道静音，以预览项目中其他轨道的混音效果。其中“M”键表示静音，“S”键表示独奏。

（7）选择和移动素材片段

当多条素材载入轨道中，可以很方便地在不同轨道或时间位置之间进行排列。还可以进行非破坏性编辑，精确设置起始点和结束点，在素材片段之间进行淡入淡出调试等。

“时间选择”工具可以选择所需的素材片段，“移动”工具可以拖移素材片段（图42）。

（8）拆分、合并和删除素材片段

在多轨视图中，可以对素材片段进行简单的拆分和合并，以满足音频混合的要求，因为多轨编辑是非破坏性的，所以不会影响到素材源文件。

在工具栏中选择“裁刀”工具后，确认音频中需剪切的位置并进行裁切，音频素材即可裁断（图43）。

图42 选择工具

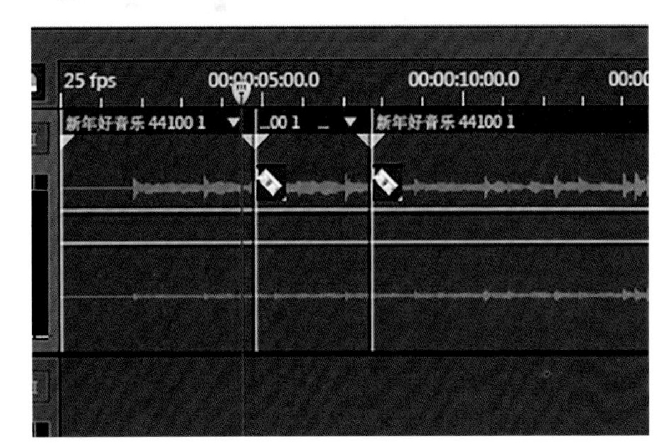

图43 裁刀工具

也可以用“时间选择”工具，将时间指针定位至音频某个时间点位置后，点击菜单“剪辑”（鼠标右击弹出快捷菜单）选择“拆分”，或直接选择“Ctrl+K”（“Command+K”）组合键进行素材的拆分。

在同一轨道上，同时选中相邻的两个素材片段也可以进行素材的合并（图44）。

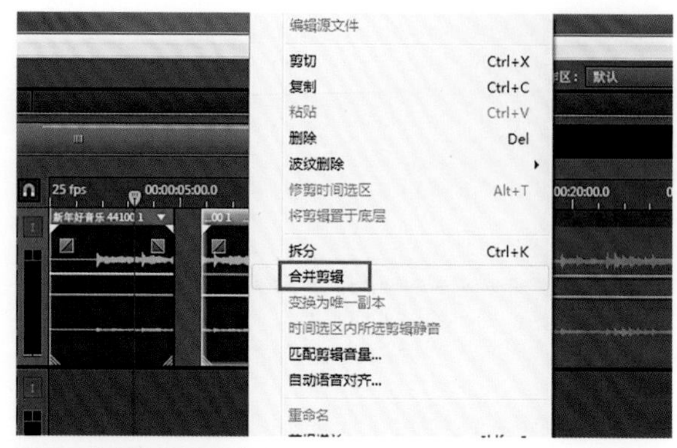

图44 合并剪辑快捷命令

若要删除某个素材片段，选中素材按“Delete”键即可删除。

（9）素材编组和选色

项目中的素材比较多会容易混淆。可以对素材片段进行结组，有效地对项目进行管理、编辑和混合。例如，可以将同一种乐器的声音进行结组，以方便分辨、选择统一移动。对于结组的素材片段，可以像操作单个素材那样进行剪辑和淡入淡出。

在多轨编辑视图下，按住“Ctrl”键，选择欲进行结组的多个素材片段后，选择菜单“剪辑”命令中的“分组——将剪辑分组”，或使用快捷键“Ctrl+G”（“Command+G”）将素材片段结组（图45）。

图45 剪辑分组命令

结组的素材片段的左下方会出现结组图标，并显现出与其他素材片段不同的颜色。若选择菜单“剪辑”中的“编组颜色”（右击快捷菜单中也有选择），则可以手动调整编组颜色（图46、47）。

图46 编组颜色命令

图47 编组颜色选择

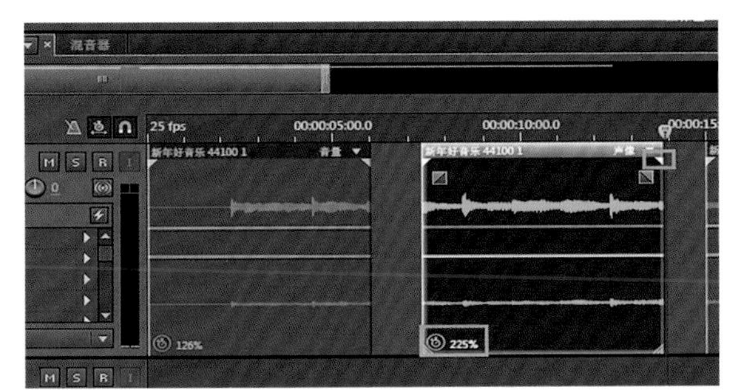

图48 时间伸展

（10）时间伸展

时间伸展标记可以对素材片段进行时间伸展（即变速），可以以更改播放速率的方式改变素材的时间长度。操作时使用鼠标拖曳的方式，也可以通过设置进行时间伸展。和其他在多轨视图中的编辑类似，时间伸展也属于非破坏性编辑，所以，可以在任何需要的时间复原时间伸展。

具体的操作方法是，鼠标箭头移至素材片段的右上角的白色三角位置，进行左右拖曳时会调整时间伸展的长度，同时会有“闹钟”图形状态显示，调整完毕后，音频素材的左下角也会呈现出“闹钟”图标及被伸展后的参数（图48）。

课后练习

一、选择题（交互书联动）

1．工业CD唱片的采样率标准是以下哪个？（B）

图49 CD播放机

A. 22050Hz　　　B. 44100Hz　　　C. 32000Hz　　　D. 11025Hz

二、实训练习

1．学习安装Adobe Audition CC版本的软件。

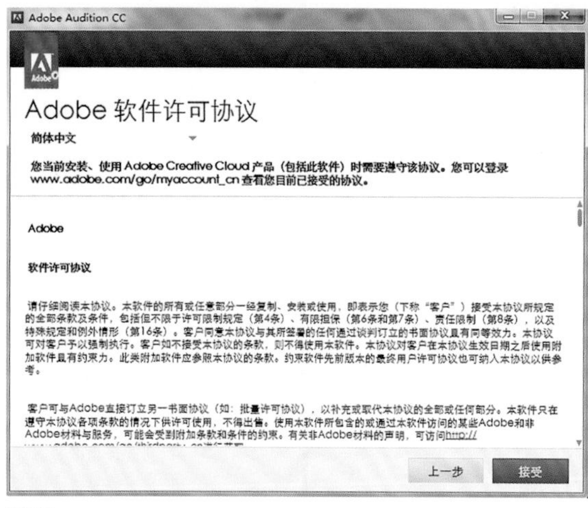

图50

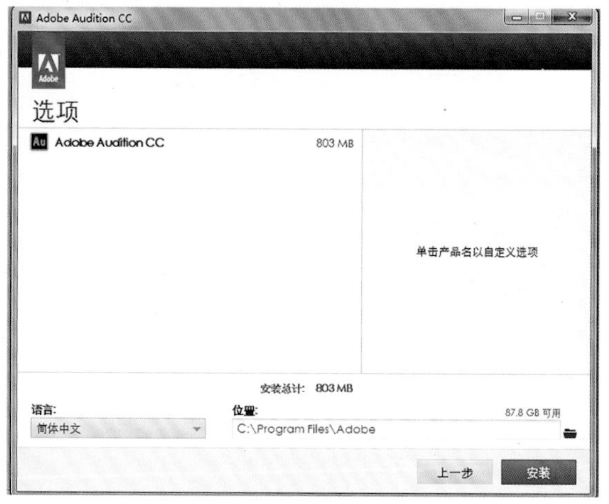

图51

2．上网搜集MP3音频文件10条，要求采样率不低于44100Hz，歌曲和纯音乐各5条，运用Audition软件进行剪切、粘贴、删除及音频调整等操练。

4

第四章

声音采集和效果处理

学习目标

帮助学生了解Adobe Audition CC的单轨、多轨编辑器的运用，掌握录音制作流程。

帮助学生强化声音的采集及降噪的运用能力。

学习重点

帮助学生了解软件音频采集、编辑与存储的方法，并强化对延迟、混响、变调等效果器的运用能力。

课时安排

31课时

第一节 歌曲录制

歌曲录制是音频处理制作中经常遇到的实例，本教材会分“录音前期、录音中期、录音后期”三个阶段来进行介绍歌曲录制的案例，帮助初学者了解音频录制的基本流程和操作方法。整个歌曲录制过程会加强对Adobe Audition CC软件录制剪辑的操作熟练性，并了解歌曲人声的后期常用处理方法。

一 录音前期

数字音频录制需要硬件、软件的互相配合。首先要确保硬件已经正确连接，接着设置电脑操作系统控制面板中的录音选项，然后打开Adobe Audition CC软件准备录音，录音时采用先试录、再正式录音的顺序，以保证录音电平处于合适位置。

1.硬件：通常将话筒、电脑（含声卡）、耳机（扬声器）作为数字音频录制最基础的配置（图1）。

图1 常规录音连接关系

若对录音品质有更高要求则需要更专业的器材，同时要具备有调音台等设备以及含吸音环境的专业录音棚。本教材会针对易于课堂教学普及的最基础配置来进行技术讲解和操练。

（1）话筒

话筒通常按它转换能量的方式分类。这里，就用通用的分类法，把话筒分为动圈话筒和电容话筒。

② 动圈话筒

动圈话筒由话筒头里的振膜带动线圈振动，从而使在磁场中的线圈生成感应电流，通过话筒线传递给下一级设备。

图2 动圈话筒

特点：结构简单、结实耐用、价格实惠，对使用环境的要求不高。非常适合在嘈杂环境或舞台上使用，不容易产生回声和啸叫。因为对高音频不够灵敏，所以对低音耐受性较强，适合用于采集鼓类等声压较强的声音，不容易产生爆音（图2）。

③ 电容话筒：这类话筒的振膜就是电容器的一个电极，工作原理是当振膜振动，振膜和固定的后极板间的距离跟着变化，就产生了可变电容量，这个可变电容量和话筒本身所带的前置放大器一起产生了信号电压。由于该话筒有前置放大器，所以会需要外接幻像电源以保证供电电压。同时该种话筒还需要辅助设备，如：防震架（一般会随话筒赠送）、防风罩、防喷罩、优质的话筒架。

图3 电容话筒

特点：灵敏度高，拾取的细节丰富，频响曲线平直宽广，所以在录音棚或良好安静的声学环境下能发挥出令人满意的效果，但因为工艺复杂，造价高，所以对于使用和养护的要求也高，一般要做到轻拿轻放，防震防潮（图3）。

（2）声卡

声卡也叫音频卡，声卡是多媒体技术中最基本的组成部分，是实现声波/数字信号相互转换的一种硬件。声卡的基本功能是把来自话筒、磁带、光盘的原始声音信号加以转换，输出到耳机、扬声器、扩音机、录音机等声响设备，或通过音乐设备数字接口(Midi)使乐器发出美妙的声音。本教材介绍的Adobe Audition CC软件对接电脑自带的集成声卡即可使用（图4）。

2.软件：安装好Adobe Audition CC软件。在PC电脑中，无论哪种操作系统，都需要通过系统控制面板中声卡的麦克风选项来设置话筒音量。本教材仅以图5、6示意图作提示，不在此作细致介绍。

声卡基本结构

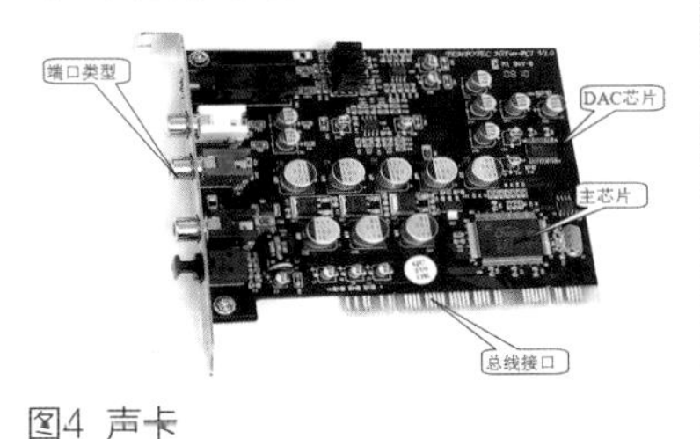

图4 声卡

图5 WinXP录音控制面板中的设置

图6 Win7/Win8录音面板中的设置

二 录音中期

Adobe Audition CC软件，既可以在波形（单轨）编辑界面中录制声音，也可以在多轨合成界面中录制声音。本章节会以录制来自话筒的声音为例，重点讲述波形编辑界面和多轨界面中的录音及后期特效处理的方法。

1.波形界面录音（即单轨录音）（视频文件见数字教材）

这个环节主要教会初学者通过波形编辑窗口来操作录音功能，掌握采集声音、保存声音的基本方法。

（1）创建音频工程文件：左上角的“文件”下拉菜单中选择“新建音频文件”（图7、8），设置适当采样率、声道数、位深度，单击“确定”，推荐44100采样率、立体声、16位量化位数。

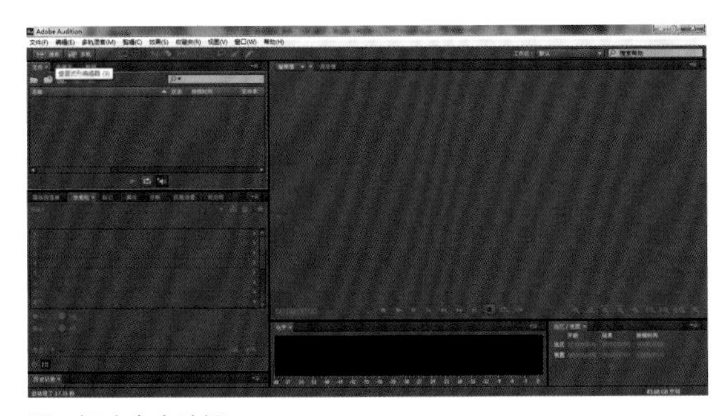

图7 新建命令选择

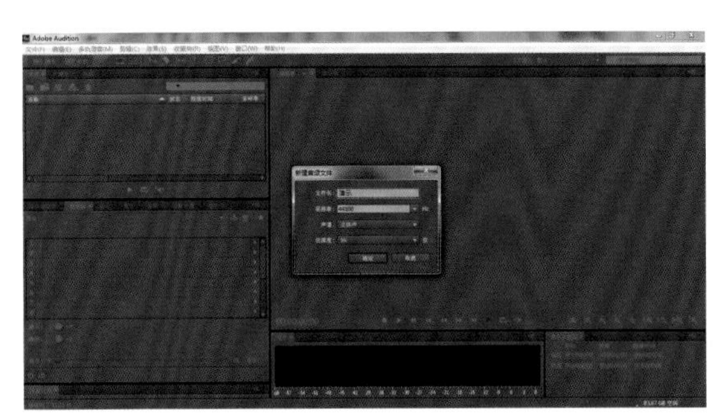

图8 新建设置

（请在ibooks应用里搜索下载《数字音效制作》，免费下载数字教材上册，观看教学视频）

（2）准备一副3.5毫米插头的电脑便携式耳麦，如图9所示。将3.5毫米的话筒接头与电脑的音频输入插口连接，如图10、11所示。再将耳机接头与电脑上的耳机接口连接，用以监听录音过程中采集的声音。双击电平窗口，通过话筒说话再次确认录音电平音量（图12），此时电平表的绿色灯会随音量大小变化显示，若电平灯呈现红色表示声音过载，也就是我们平时常说的爆音。

（3）单击“录制按钮”开始录音，录音时要关注录音电平的幅度，避免爆音或声音过小（图13）。

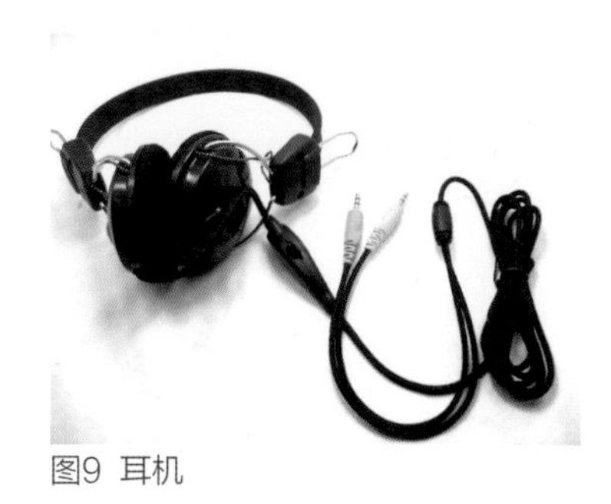

图9 耳机

图10 台式电脑常用接口演示

图11 笔记本电脑常用接口演示

图12 电平显示声音过载

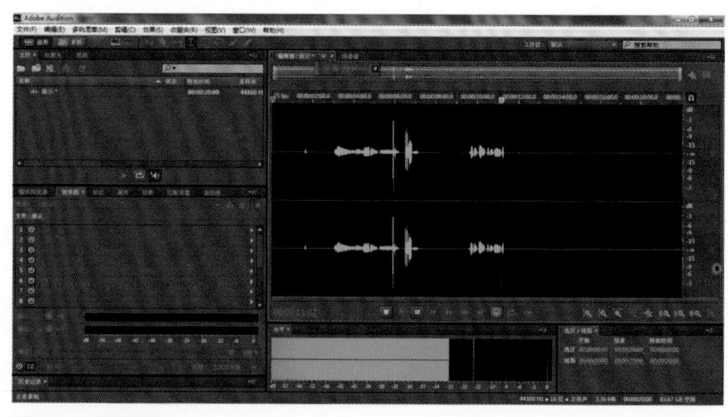

图13 电平观察

（4）录制好的音频文件以合适格式进行保存，操作步骤介绍如下：

STEP1

文件下拉菜单中选择“保存”按钮（图14）。

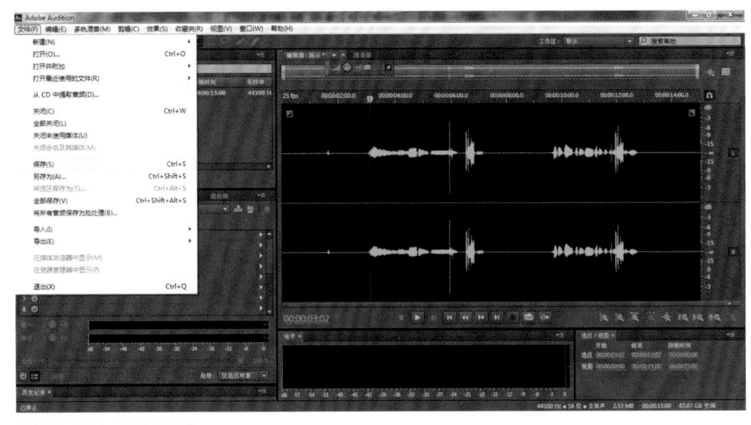

图14 保存命令设置

STEP2

在弹出窗口中输入合适的文件名，选择所需保存地址及音频格式。本教材针对课堂练习需求，推荐使用兼容性较强的MP3格式为首选（图15）。

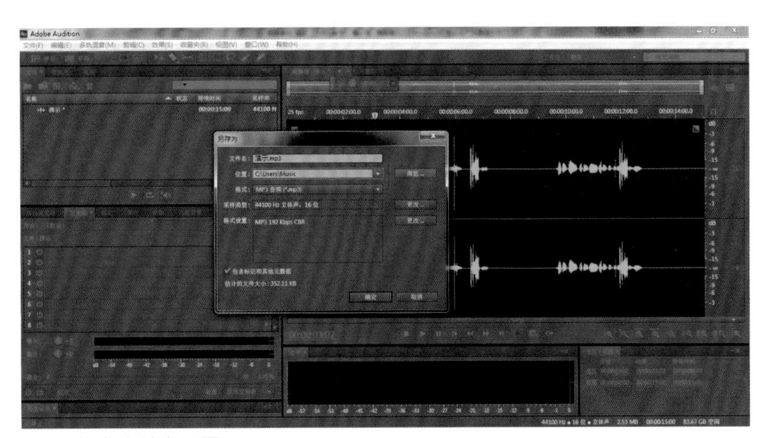

图15 保存文件名设置

2.多轨编辑界面录音录制卡拉OK《两只老虎》（视频文件见数字教材）

STEP1

单击“文件”下拉菜单，选择“新建多轨会话”，或者直接选择工具栏中的“多轨编辑”按钮，都会弹出“新建多轨会话”窗口。会话名称改为“两只老虎”，之后建议设置44100采样率、立体声和16位深度，单击“确定”（图16—18）。

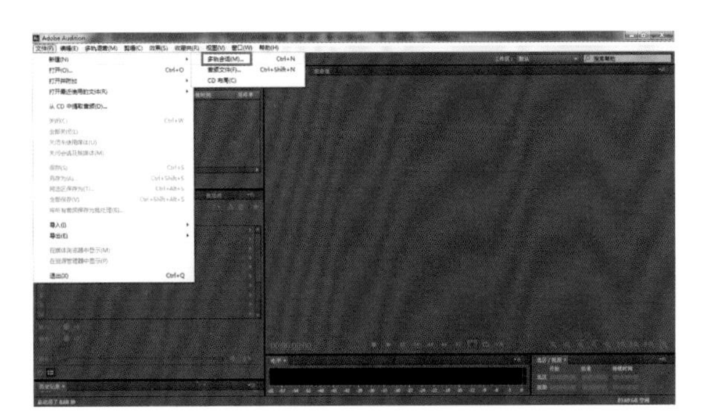

图16 创建多轨会话

（请在ibooks应用里搜索下载《数字音效制作》，免费下载数字教材上册，观看教学视频）

图17 会话名称设置

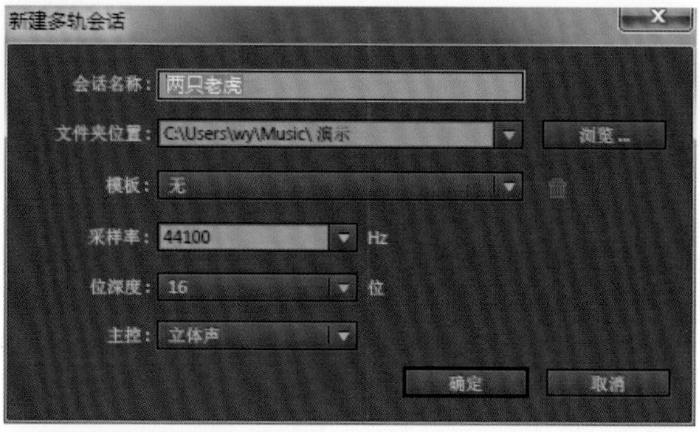

新建多轨会话

会话名称：两只老虎

文件夹位置：C:\Users\wy\Music\演示　浏览...

模板：无

采样率：44100 Hz

位深度：16 位

主控：立体声

确定　取消

图18 新建设置板

STEP2

将《两只老虎》歌曲的伴奏文件插入到“声轨1”中，可以通过“文件窗口导入伴奏音频”，也可以通过直接拖拽伴奏音频至1号轨道（图19、20）。

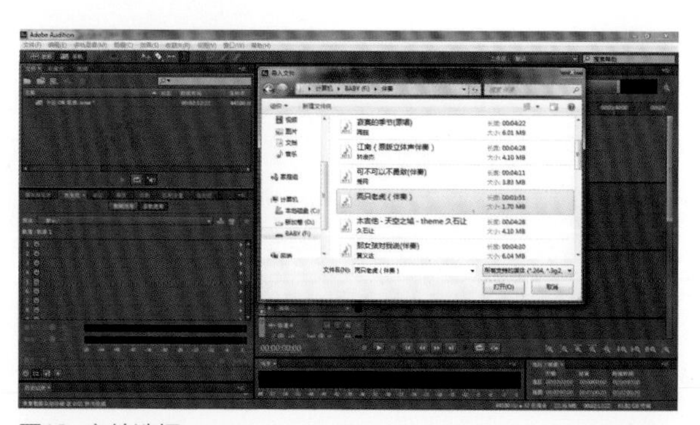

图19 文件选择

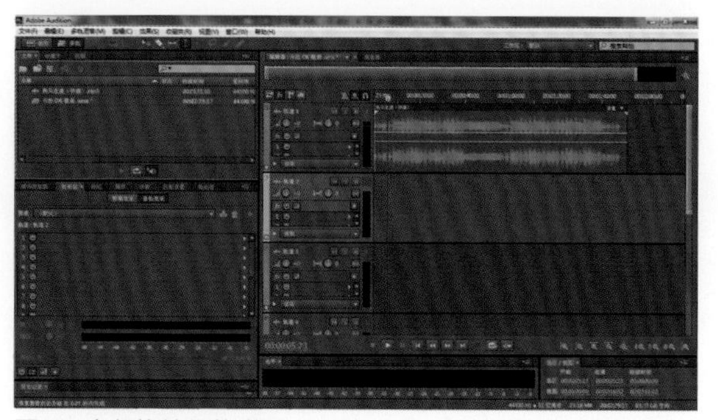

图20 音频拖拽至轨道

STEP3

激活“声轨2”面板中的“R”按钮，使该轨道进入录音状态（图21）。

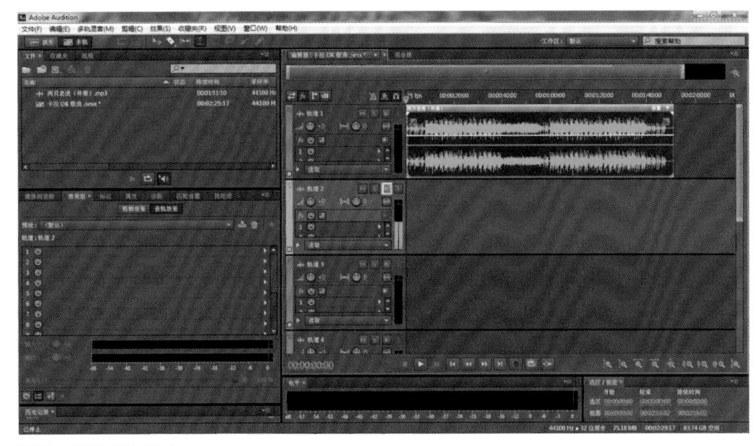
图21 激活录音键

STEP4

带好耳机，口部对准话筒，然后单击走带面板中的“录制”按钮（图22），一边听伴奏音乐，一边用话筒录制人声演唱部分，同时注意观察该轨道的录音电平表的反应。

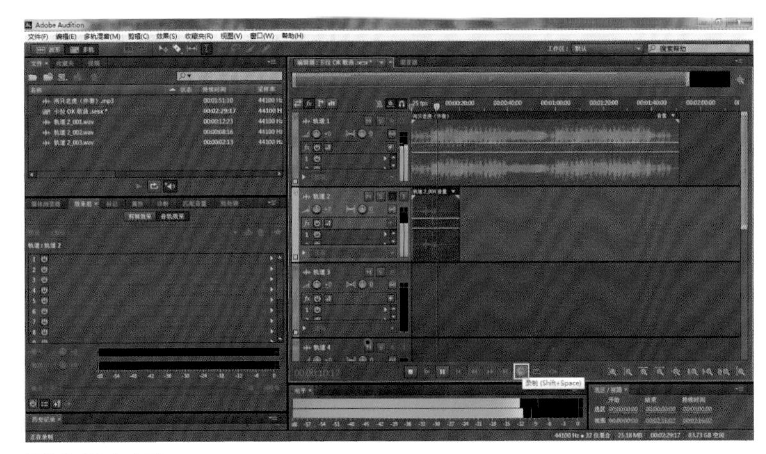
图22 录音启动

STEP5

保存多轨工程。多轨工程文件占用空间小，不包含实际的音频文件。工程文件存储的是相关的文件位置、包络和效果信息，当再次打开此工程文件时，还可以对其中的包络和效果等设置进行修改。保存的工程文件为本地的SESX格式。

STEP6

导出多轨混缩文件。当完成多轨混音作品后可以将其导出，导出的音频文件反映着在多轨工程文件中设置的音量、声像和效果设置。具体方法如下：

STEP7

若要导出部分项目，先用时间选择工具，选择要保存的范围，如图23所示。

选择“文件”/“导出”/“多轨混音”/“所选剪辑”命令，如图24所示。

弹出“导出多轨混缩”对话框，设置所需文件名、格式、路径等信息，按“确定”导出音频文件（图25）。

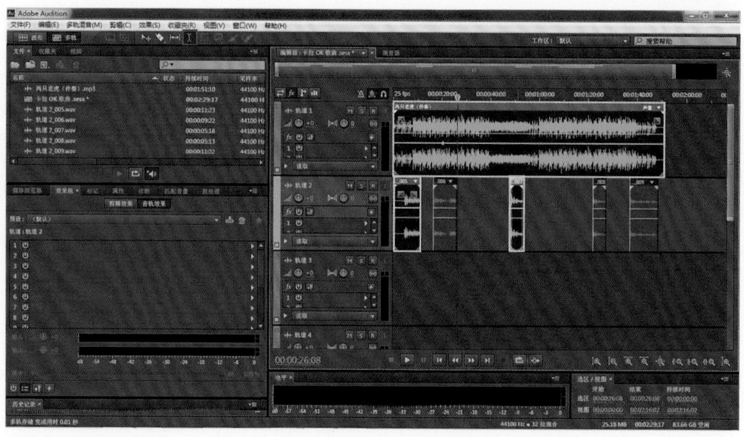

图23 多片段选择

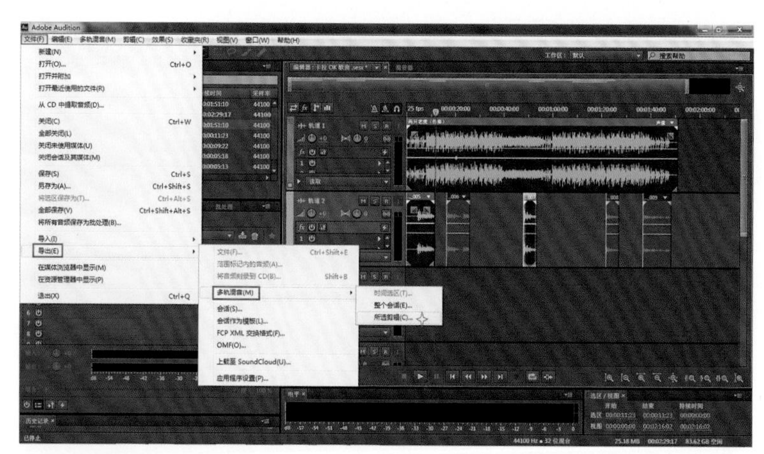

图24 混缩命令

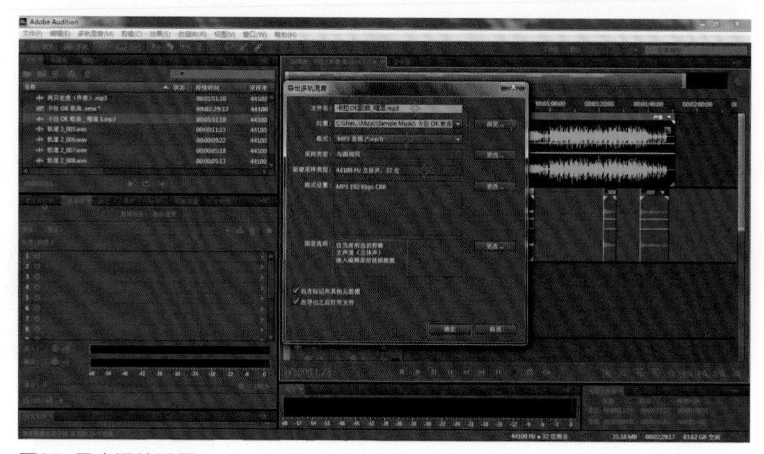

图25 导出混缩设置

STEP8

如要导出整个工程的音频，选择“文件”/“导出”/“多轨混音”/“整个会话”命令，其他设置同上（图26）。

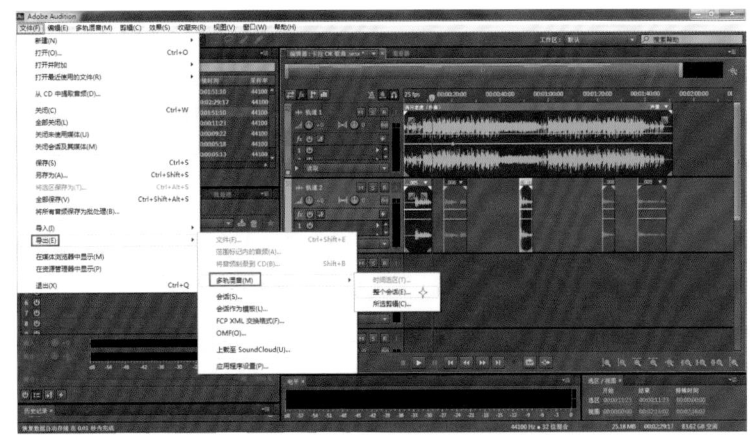

图26 导出会话

三 录音后期（效果处理）

通常录好声音都需要后期处理。音频的后期处理会通过使用效果器来实现。效果器也称作信号处理器，Adobe Audition CC提供数量众多、用途广泛的效果。大多数可在“波形编辑”和“多轨编辑”中使用，但也有一些只适用于“波形编辑器”。我们可以通过“效果”菜单和“效果组”来加载所需效果，同时编辑窗口中也提供很多快捷工具及“收藏夹”功能，帮助快速应用各种效果器。本教材会重点介绍部分常用主流效果器。

1.降噪

对于录制完成的音频，由于硬件设备和环境的制约总会有噪音生成，所以，我们需要对音频进行降噪，以使得声音干净、清晰。步骤如下：

STEP1

将单独的人声导入至波形编辑窗口，选择一段较为平缓的噪音片段（即非人声部分（图27）。

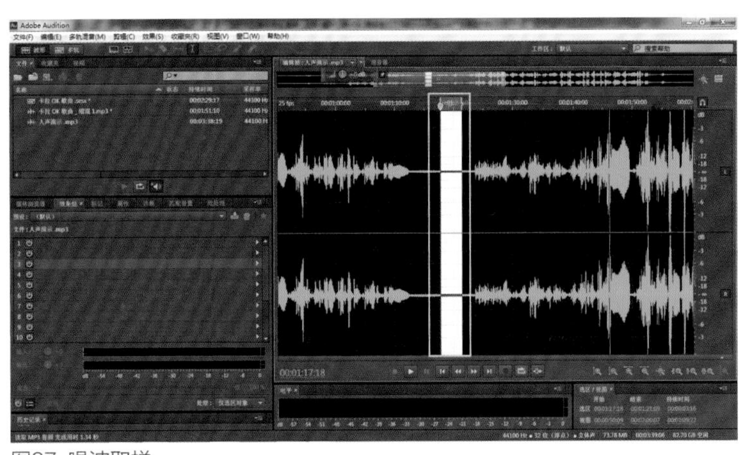

图27 噪波取样

STEP2

点击菜单栏中的“效果器”，选择“降噪处理器”（图28）。

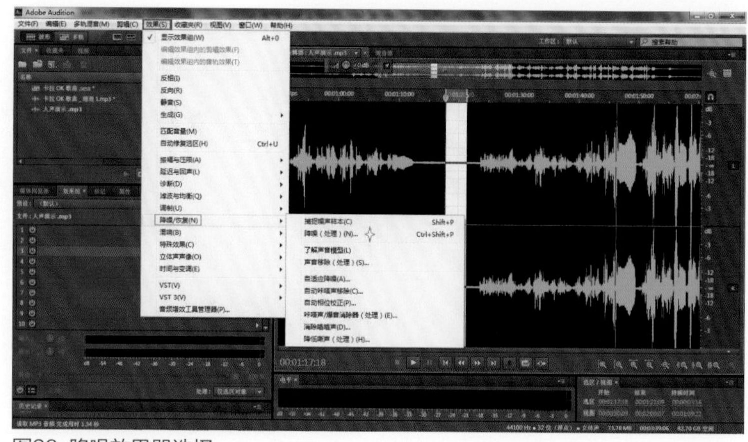

图28 降噪效果器选择

STEP3

在打开的“噪声”效果器面板中选择“捕捉噪声样本”按钮，会生成相应噪声图形，设定好相应的降噪级别，建议参数不宜调过高（图29）。

然后一定要选上位于面板中间的“选择完整文件”按钮（图30）。

待编辑窗口中的音频被全选后，按“确定”键进行降噪生成（图31）。

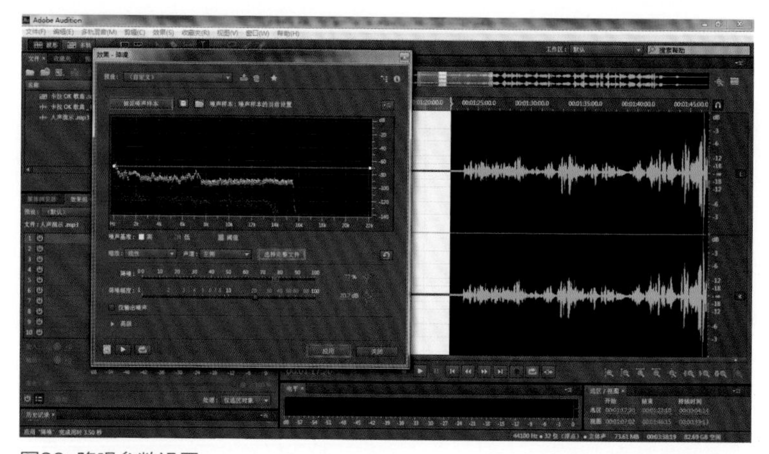

图29 降噪参数设置

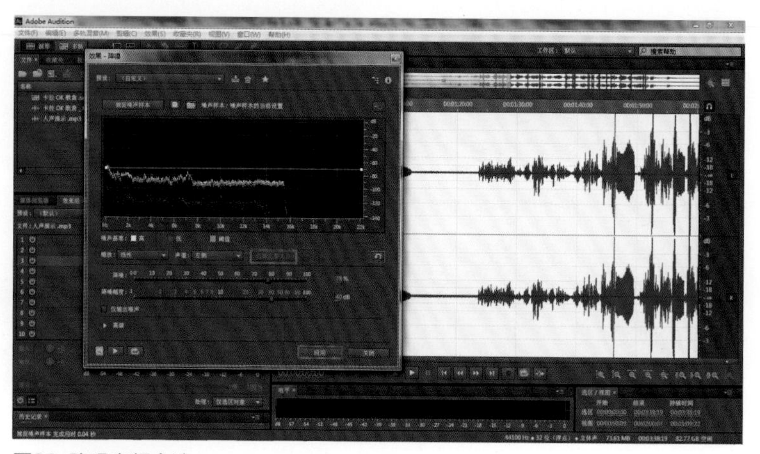

图30 降噪音频全选

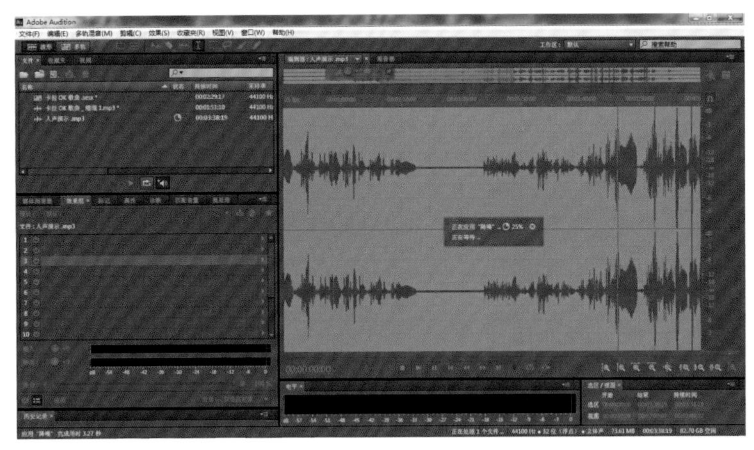
图31 降噪生成

2.时间与变调

时间与变调效果器可以伸缩声音和调节声音的高低，此效果器只适用于波形（单轨编辑）界面。

STEP1

选中要修改的一段波形，选择“效果”/“时间与变调”/“伸缩与变调”命令，则会弹出“伸缩与变调”对话框，如图32、33所示。

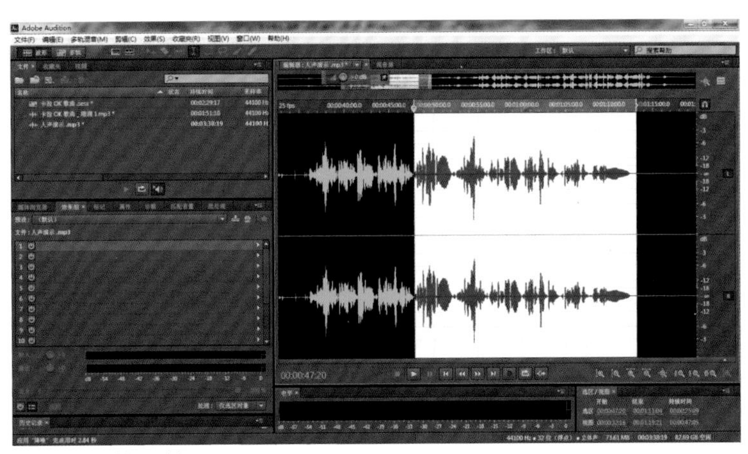
图32 处理范围选择

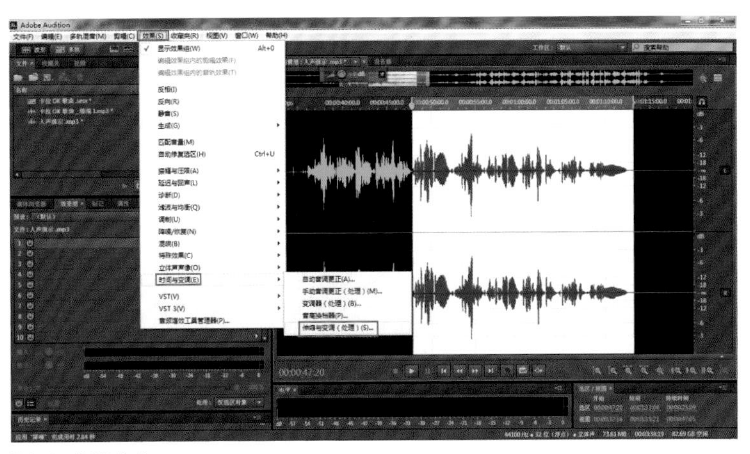
图33 变调命令

STEP2

建议选择“iZotope半径”算法，高精度，然后根据需要设置“伸缩”（改变音频速度）和“变调”（改变音频音高）。为控制音频音质，一般调节幅度不宜过大。可通过面板左下角的预听键来判断（图34）。

“伸缩”推子中的100%表示无变化，小于100%，波形变短，速度加快；大于100%，波形变长，速度变慢。“变调”推子中的“0”表示音调无变化，大于0表示音调升高，小于0表示音调降低。若锁定“伸缩与变调”勾选框，则伸缩和变调会同时变化 。

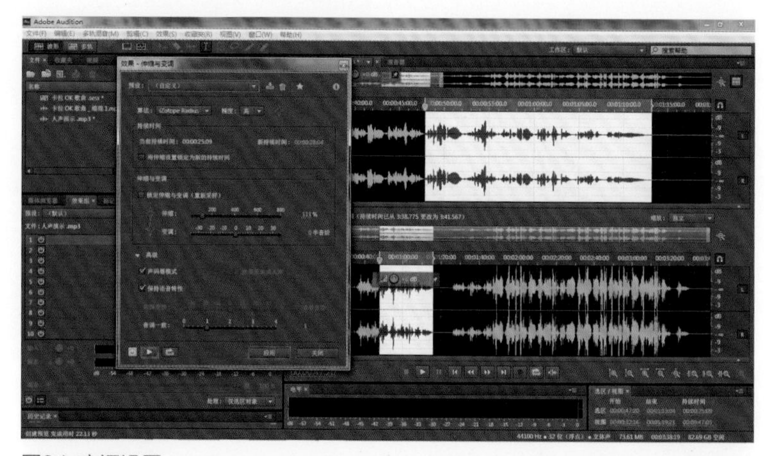

图34 变调设置

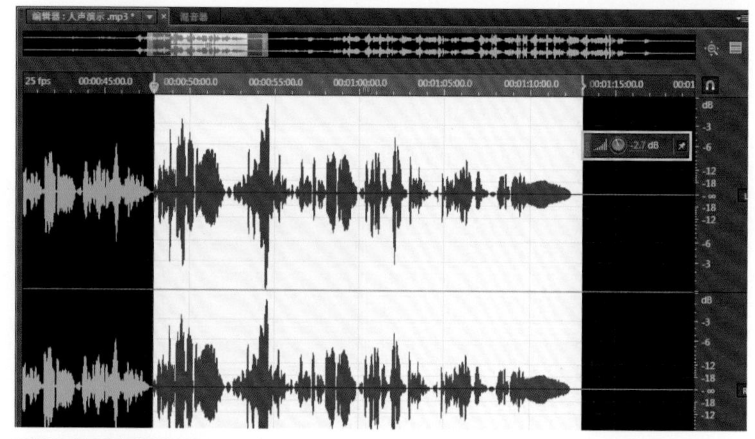

图35 处理范围选择

3.振幅

选择波形编辑窗口中的振幅控制旋钮，即可对所选音频的音量进行任意调整。注意音量不能过大否则会失真（图35）。

4.淡入淡出

很多歌曲为了使其开头和结尾过渡自然，会在开头和结尾处使用“淡入淡出”，该效果会让音量由小变大或由大变小。只要拖拽波形（单轨）编辑窗口左上角/右上角的灰色小方块，即可改变音量的渐变走向（图36）。

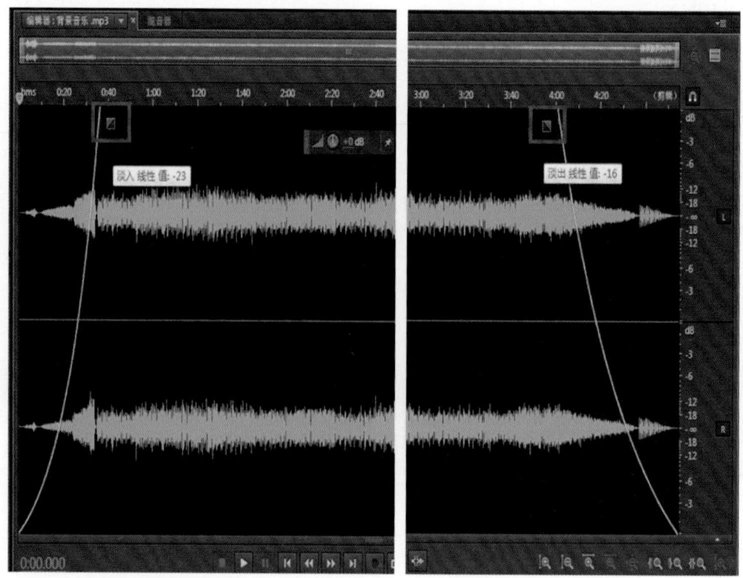

图36 快捷操作钮位置

5.EQ均衡器

EQ是Equalizer的缩写，中国大陆地区称之为均衡器，港台地区称之为等化器。它的作用就是调整各频段信号的增益值。EQ通过将声音中各频率的组成泛音等级加以修改，专为某一类音乐进行优化，增强人们的感觉。常见包括：正常、摇滚、流行、舞曲、古典、柔和、爵士、金属、重低音和自定义。自定义就是自己调节，没有套用固定的模式，按个人喜好而定的真正EQ能够满足不同人的听音喜好。

在音频后期处理中，EQ是混音中一个关键要素，某些型号均衡器的声音特点，例如如何用均衡去做一个现代化的录音。在本文中，我们会让你了解不同类型的均衡，解释它们的应用，并且告诉你常用乐器的哪些频段对音色影响最大。

（1）图形均衡器（图37、38）。

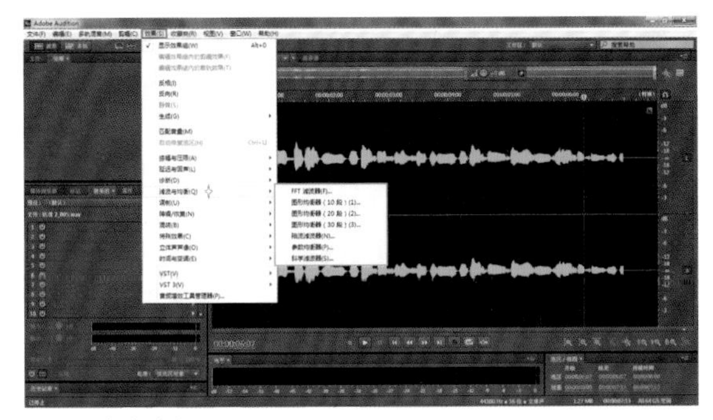

图37 命令选择

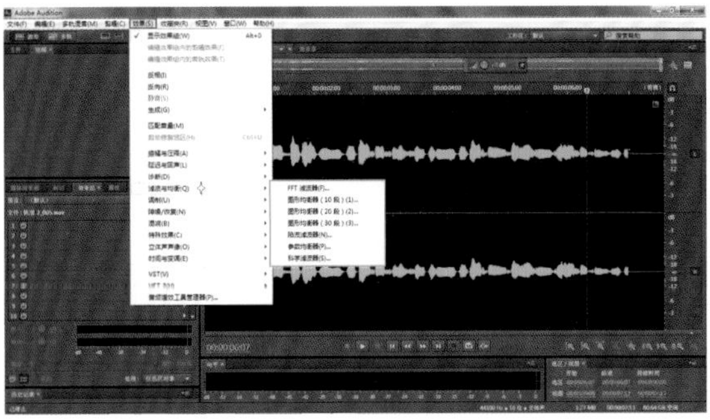

图38 命令选择

Adobe Audition CC提供了三种图形均衡器,分别为“10段图形均衡器”、“20段图形均衡器”和“30段图形均衡器”。频段越多,界面中可调节的滑块就越多,均衡后的效果就越精细。根据作品需要可以向上或者向下调整不同频率的滑块，实现对声音的不同频率进行增益或者衰减，以达到频率均衡的作用（图39）。

用户也可以选择某一种预置效果实现快速均衡。

选择“效果”/“滤波与均衡”/“图形均衡器(10段)”命令，弹出“效果图形均衡器(10段)”对话框,如图40所示。

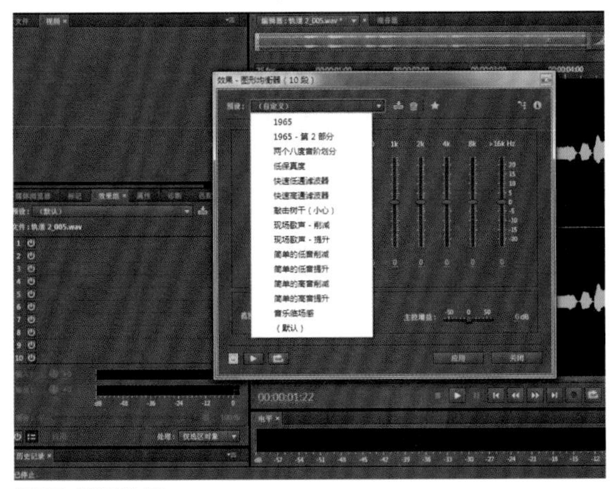

图39 预设效果

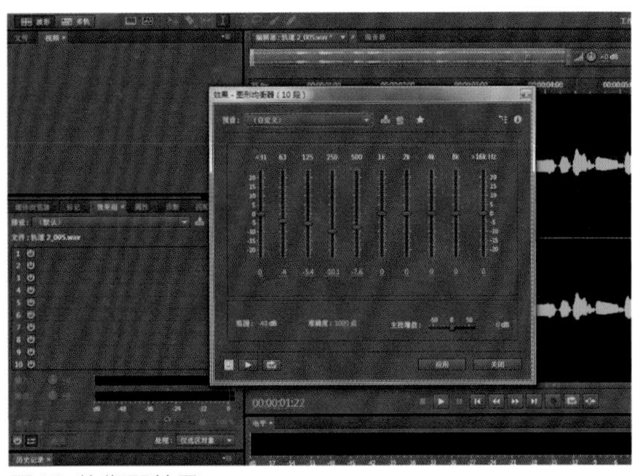

图40 均衡器效果

窗口中间提供了10个不同频率的调整滑块，可以调节不同频率的增益值。右下有个“主控增益”调节滑块，可以对处理后的音量进行补偿。

左下角的绿色亮灯键 为实施效果键，点亮可以听到添加调整后的效果，灯暗为效果无加载。

为预览播放键，可播放预览声音。 为播放预览循环键，可以循环播放选择区域的声音文件。

“图形均衡器(20段)”和“图形均衡器(30段)”与“图形均衡器(10段)”界面参数调整基本一致，只是频段数量多及“预设”下拉列表框效果不一样而已，本教材暂不作详解。

（2）参数均衡器

尽管图形均衡器可以设置多达30个频段的频率，但是毕竟频率的数量是有限的，所以图形均衡器不能实现频率值的自由设定，而参数均衡器就可以弥补这一点。

选择“效果”/“滤波与均衡”/“参数均衡”命令，弹出“效果参数均衡器”对话框，如图41、42所示。

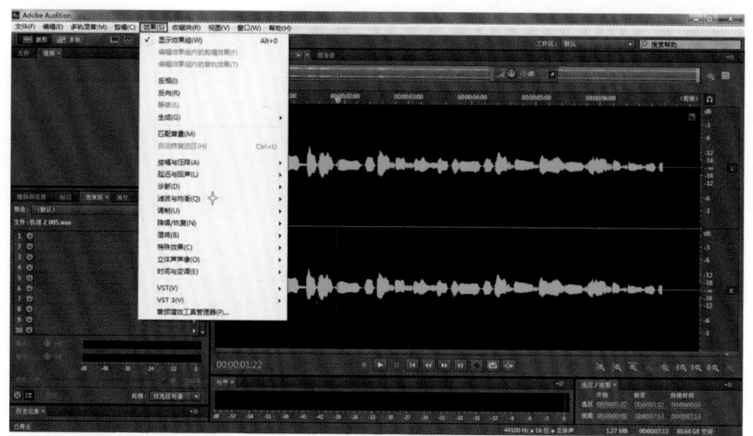

图41 均衡命令选择

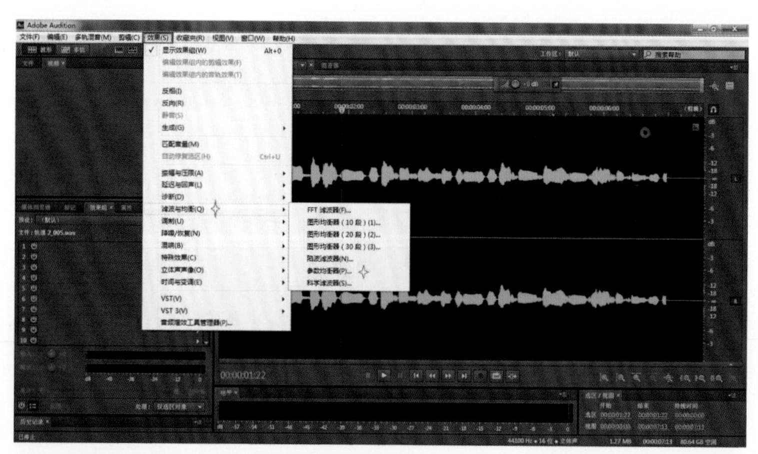

图42 均衡命令选择

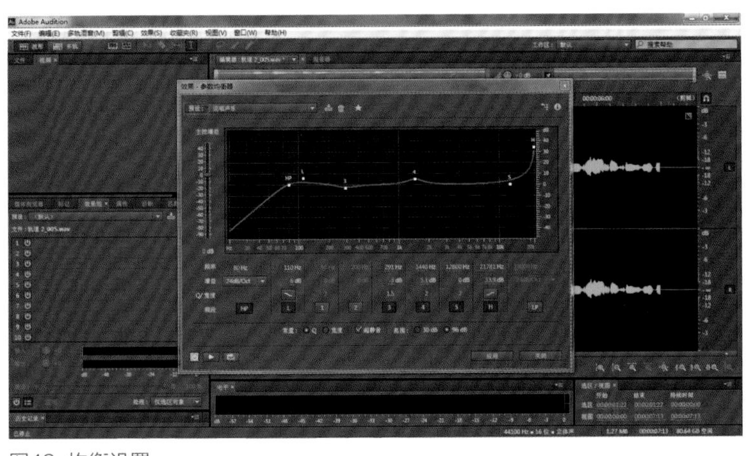
图43 均衡设置

用户可以选择预置菜单来获取快速均衡效果。此对话框中的曲线就是参量均衡的曲线，在曲线上有白色的调节点，最多允许添加7个，其中有两个搁架点是固定的，不可隐藏。这些调节点可以使用鼠标左键上下或左右拖动来改变频率和增益的大小，也可以通过调节相应的参数值来调整大小（图43）。

6.延迟、回声类效果器

延迟是通过延长原音使音色扩展的效果器。该效果器的原理是将原始信号进行复制，以毫秒间隔再次输出。回声与原始音频的间隔会更长，在数字音频编辑中可以使用延迟与回声效果模拟不同的环境声。AU软件中的延迟与回声效果主要是包含模拟延迟、延迟、回声三项功能，在波形编辑窗口的效果器下拉菜单和多轨编辑窗口的效果器支架中都能找到它们。

（1）模拟延迟

Adobe Audition CC的模拟延迟为立体声信号和单声道信号提供信号延迟，共有三种不同的模式：磁带式（略有失真）、磁带/电子管式（磁带较清晰的版本）和模拟式（更厚重）。模拟延迟只是简单地推迟播放，何时开始由延迟值确定。与“延迟”效果不同的是，对“干声”与“湿声”各有一个控制器，而不是单一的“混合”控制器。模拟延迟中的“延迟”滑块提供与“延迟”效果同样的功能，区别是此处的最大延迟时间是8秒。其中“干输出”推子是设置未处理的音频音量。“湿输出”推子是设置延迟的处理过的音频音量。“延迟长度”推子是设置延迟的距离，单位是毫秒。“回馈”推子是将延迟的音频重新发送，创建重复回声。“松散”推子就是增加失真和提高低频，增加声音的温和度。“扩散”推子就是决定延迟信号的立体声宽度（图44）。

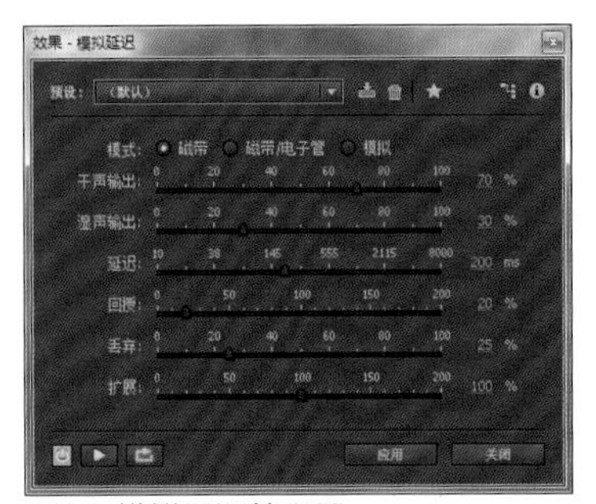

图44 模拟延迟效果器

（2）延迟

延迟就是将音频推迟播放，创建一些简单的回声和效果，播放的时间由延迟的值决定。面板上的“混合”就是干湿声的混合比例的调整。“反相”是指反转信号的相位。

（3）回声

若要营造一种山谷回声的效果，该效果器就可以有效实现。它可以添加一系列重复的、衰减的回声到原始声音中，通过不同的延时量创建不同场景的回声和空间效果。调整面板最右侧的均衡延时控制推子，可以改变回声音色感觉。“延迟时间”的推子可以设定每个回声之间的延迟时间。“回授”的推子可以设置回声的衰减比例。“回声电平”推子可以设置回声湿信号与干信号在最终输出的混合百分比。“左右声道”的选项若被锁定后，每个声道的调整参数会同步一致，反之则每个声道的回声参数就可以单独调整。选中“回声反弹”的选项后，可以使左右声道之间产生的回声来回反弹。

“连续回声均衡器”可以提供8个波段的回声均衡器，精细调整不同频率的回声的强度。“延迟时间单位”是指可以将延时时间单位设置为毫秒、节拍和采样。

7.混响

混响效果是指把声音在传播过程中产生的反弹音混合在一起。在音频中加入延迟、回声和混响,实际上是把环境音加入到音乐中。如图45所示。

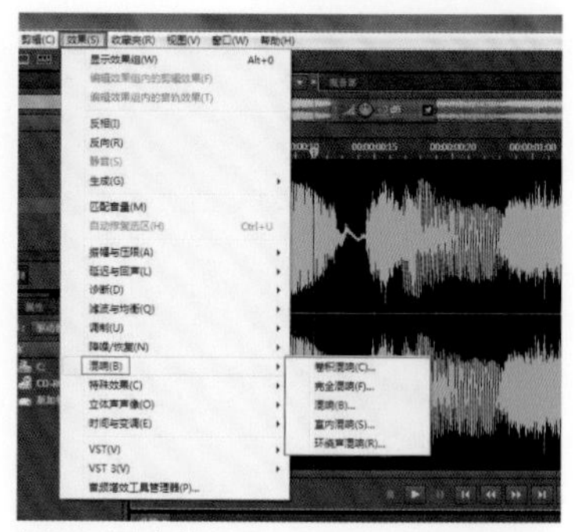

图45 混响效果器

(1)卷积混响

卷积混响是混响众多处理中效果较为真实的一种，可重现从衣柜到音乐厅的各种空间。基于卷积的混响使用脉冲文件模拟声学空间，可以展现栩栩如生、真实的临场感，但是获取真实音效的代价是缺乏灵活性，因为卷积混响是一种CPU密集型的处理过程，在较慢的系统上预览时可能会听到咔嗒声或爆音，等正式运用效果后，失真感即会消失。如图46所示。

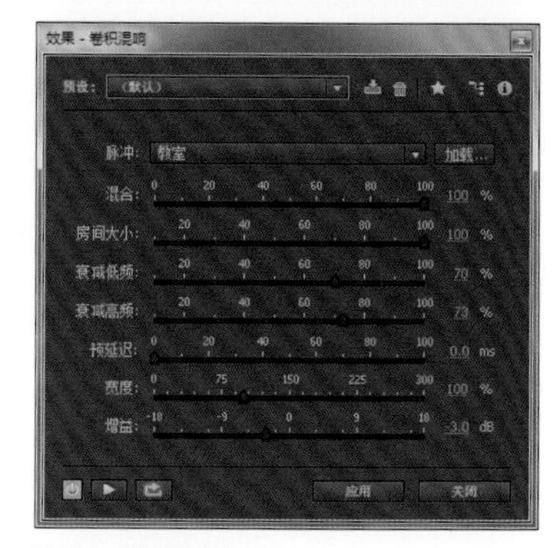

图46 卷积混响

卷积混响面板中的“脉冲”功能可以设定模拟声学空间的文件。“混合”功能则可以控制原始声音与混响声音的比率。“房间大小”功能可以指定由脉冲文件定义的完整空间的百分比，百分比越大，混响越长。“衰减低频”功能可以减少混响中的低频重低音分量，避免模糊并产生更清晰的声音。

“衰减高频”功能可以减少混响中的高频瞬时分量，避免刺耳声音并产生更温暖、更生动的声音。

“预延迟”功能是确定混响形成最大振幅所需的毫秒数。要产生最自然的声音，可以指定“0—10”毫秒的短预延迟。要产生有趣的特殊效果，请指定50或更多毫秒的长预延迟。“宽度”功能是指控制立体声扩展，设置为“0”将生成单声道混响信号。“增益”功能是在处理之后增强或减弱振幅。

（2）完全混响效果

完全混响效果基于卷积，是各种混响中最复杂的。所以当使用这个混响效果时，建议使用一个最贴近预期效果的预设，仅在必要时稍作调整。

完美混响的操作面板信息较多，介绍如下：

混响设置面板（图47）

- 衰减时间：可以指定混响衰减“60dB”需要的毫秒数。值越大，混响拖尾就越长。
- 预延迟时间：指定混响形成最大振幅所需的毫秒数。
- 扩散：控制回声形成的速率。通过使用低“扩散”值和高“感知”值，可实现弹性回声效果。利用长混响拖尾，使用低“扩散”值和稍微低的“感知”值可产生足球场或类似运动场的效果。
- 感知：可以模拟环境中的不规则物体（墙壁、连通空间等）。低值可产生平滑衰减的混响，较大值可产生更清楚的回声。

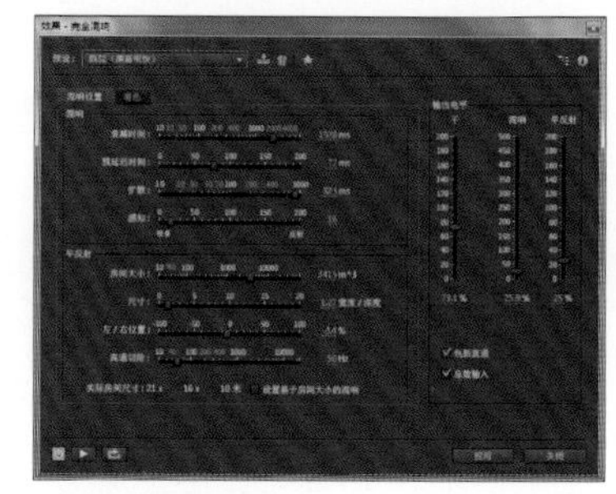

图47 完全混响

● 空间大小：可以设置虚拟空间的体积，以立方米为单位测量。空间越大，混响越长。使用此控件可创建从仅仅几平方米到巨大体育场的虚拟空间。

● 尺寸：是指定空间的宽度（从左到右）和深度（从前到后）之间的比率。通常，宽度与深度的比率在“0.25—4”之间的空间可提供最佳声音混响。

● 左/右声道位置（仅限立体声音频）：在“输出电平”部分中选中“包括直通”，以将原始信号放置在相同位置。

● 高通切除：可以防止低频（100Hz或更低）声音（如低音或鼓声）的损失。

● 设置基于房间大小的混响：是设置衰减和预延迟时间以匹配指定的空间大小，从而产生更有说服力的混响。

“着色”（音染）设置面板（图48）

● 频率：是指定下限和上限的转角频率或中间频段的中心频率。例如，要增加混响温暖度，请降低上限频率，同时也要减少其增益。

● 增益：是在不同频率范围中增强或减弱混响。要轻微增强音频，请提升关键声音元素自然频率周围的混响频率。例如，对于歌手的声音，将频率从200Hz提升到800Hz以增强该范围内的共振。

● 设置中间频段的宽度：值越高，影响的频率范围越窄；值越低，影响的范围越宽。

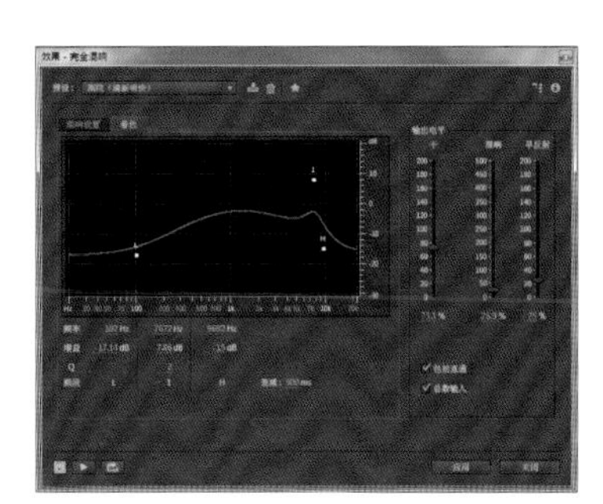
图48 完全混响“着色设置”

● 衰减：指定在应用“音染”曲线之前混响衰减的毫秒数。不超过700的值效果良好。要获得更有音染的混响，请使用较低设置（如100到250）。

“输出电平”面板

● 干：是指控制混响包含的原始信号的电平添加的量越多，则音源的邻近感越强，反之则弱。

● 混响：是指控制混响声音密集层的电平。干声音与混响声音之间的平衡可更改对距离的感知。

● 早反射：提供对整体空间大小的感觉。一般适度添加，过多会失真。

● 包括直通：是对原始信号的左右声道进行轻微相移以匹配早反射的位置。

● 总输入：先合并立体声或环绕声波形的声道，再进行处理。选择此选项可使处理更快，但取消选择可实现更丰满、更丰富的混响。

（3）混响

“混响”效果也是通过基于卷积的处理模拟声学空间。可以直接选择预设的空间选项来创建所需的声学或周围环境，如教室、酒吧、音乐厅等。它相当于是之前介绍的完全混响效果的简化版。其面板中出现的“衰减时间”、“预延迟时间”、“扩散”、“感知”、“干”、“湿”、“总输入”等功能原理和操作方法基本一致，这里就不再重复介绍。

（4）室内混响

“室内混响”是属于算法混响的一种。这种原理创建出来的混响效果简单、高效，实时预览性稳定。相比占用CPU资源较多的“完全混响”和“混响”要快捷得多，所以多用于在多轨编辑器中进行快速有效的实时更改，无需对音轨做预渲染效果（图49）。

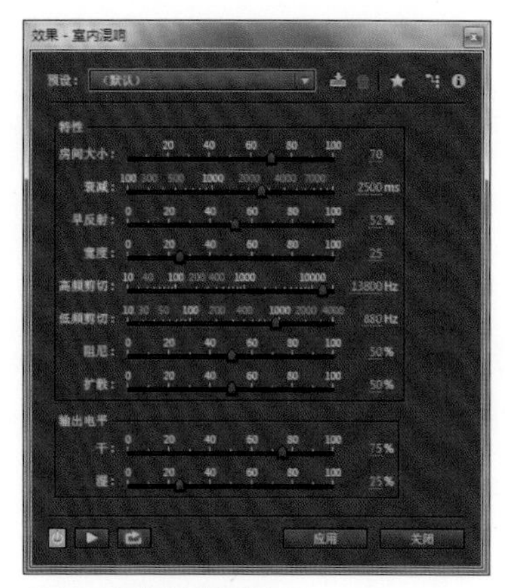

图49 室内混响设置

面板中的“空间大小”功能是指设置空间大小。“衰减”是指调整混响衰减量（以毫秒为单位）。“早反射”是指控制先到达耳朵的回声的百分比，提供对整体空间大小的感觉，值过高会导致声音失真，而值过低则会失去表示空间大小的声音信号。一半音量的原始信号是良好的起始点。

“立体声宽度”是指控制立体声声道之间的扩展。0产生单声道混响信号，100%产生最大立体声分离度。“高频切除”功能是指定可以进行混响的最高频率。“低频切除”功能是指定可以进行混响的最低频率。“阻尼”的功能是指调整随时间应用于高频混响信号的衰减量，较高百分比可创造更高阻尼，实现更温暖的混响音调。“扩散”是指模拟混响信号在地毯和挂帘等表面上反射时的吸收，设置越低，创造的回声越多；而设置越高，产生的混响越平滑且回声越少。“干”是指设置源音频在含有效果的输出中的百分比。“湿”是指设置混响在输出中的百分比。

（5）环绕混响

“环绕混响”效果主要用于5.1音源，但也可以为单声道或立体声音源提供环绕声环境。在波形编辑器中，可以选择“编辑”—“转换采样类型”将单声道或立体声文件转换为5.1声道，然后应用环绕混响。在多轨编辑器中，可以使用“环绕混响”将单声道或立体声音轨发送到5.1总音轨或主音轨（图50）。

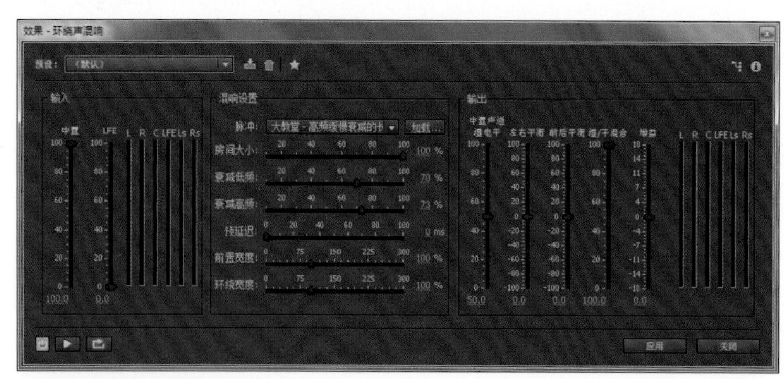

图50 环绕混响设置

在“输入”这个板块的设置中，“中置”的推子是确定处理后的信号中包含的中置声道的百分比。“LFE”是确定用于触发其他声道混响的低频增强声道的百分比（LFE信号本身不混响）。

在“混响设置”这个板块中，“脉冲”是指定模拟声学空间的文件，单击“加载”以添加WAV或AIFF格式的自定义6声道脉冲文件。“前置宽度”是控制前三个声道之间的立体声扩展。宽度设置为0将生成单声道混响信号。“环绕宽度”是控制后环绕声道（Ls和Rs）之间的立体声扩展。

在“输出”设置中，“湿电平”推子是控制添加到中置声道的混响量。“左右平衡”推子是控制前后扬声器的左右平衡，往100方向推会增强对左声道输出混响，往-100方向推会增强对右声道输出混响。“前后平衡”是指控制左右扬声器的前后平衡。往100方向推会增强对前声道输出混响，往-100方向推会增强对后声道输出混响。“湿/干混合”推子是控制原始声音与混响声音的比率，往100方向推会增强对混响的输出量。“增益”是在处理之后振幅的增强或减弱。

8.效果组的添加

（1）Adobe Audition CC提供的效果组在整个软件界面左下角的窗口中。效果组允许你创建一个效果链，可加载多达16种效果，而且可以独立启用或关闭效果，也可以添加和删除、替换各种效果并重新排序。效果组是运用效果最灵活的方式。但之前介绍的“效果菜单”中的部分效果是“效果组”中没有的。所以当你需要在某段所选音频中使用某种特定效果，运用“效果菜单”会更快捷（图51）。

（2）以下示意图是混响器和音高换挡器两种效果叠加的方式（图52－54）。

（3）效果组的插槽是串联的关系，音频加载第一种效果后还可以继续添加第二种效果，最后会听到各种叠加后的效果。若将任一插槽前端的绿色“电源按钮”关闭，即可取消该效果的作用（图55）。

（4）选择移除效果组中插入的效果。可以通过鼠标右击，在弹出的菜单中进行选择（图56）。

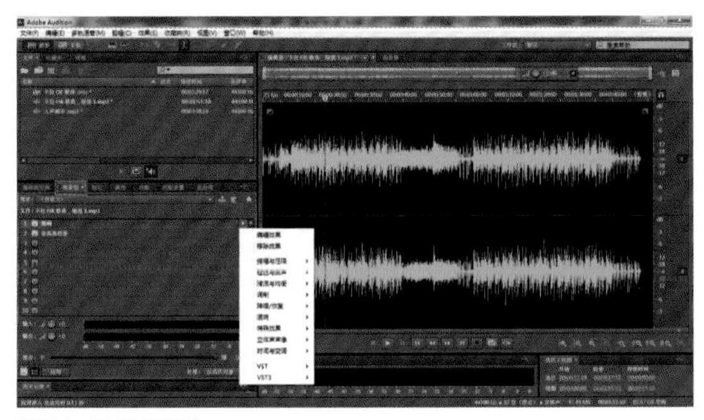
图51 效果组添加

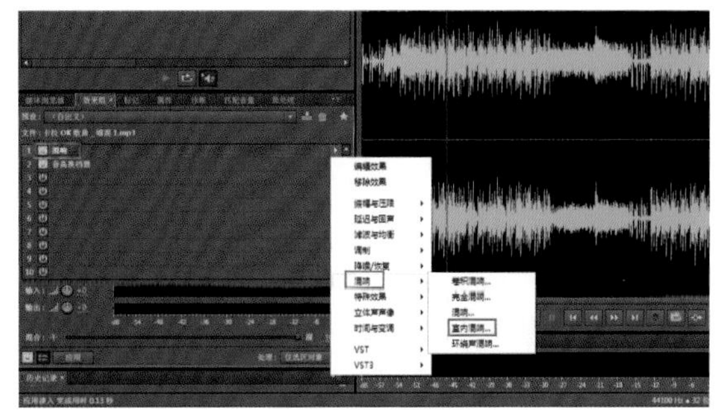
图52 效果组添加

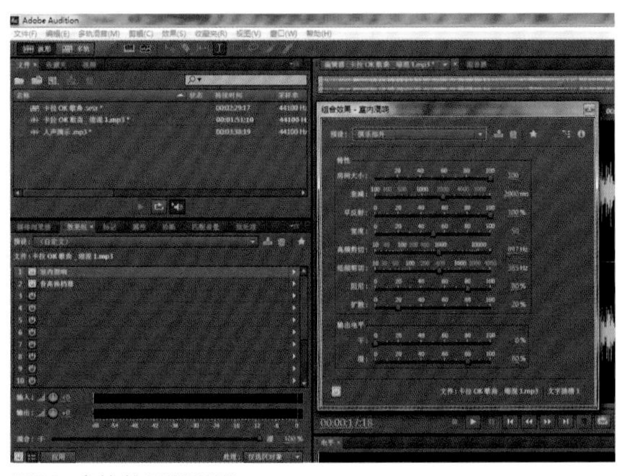
图53 多轨效果器设置

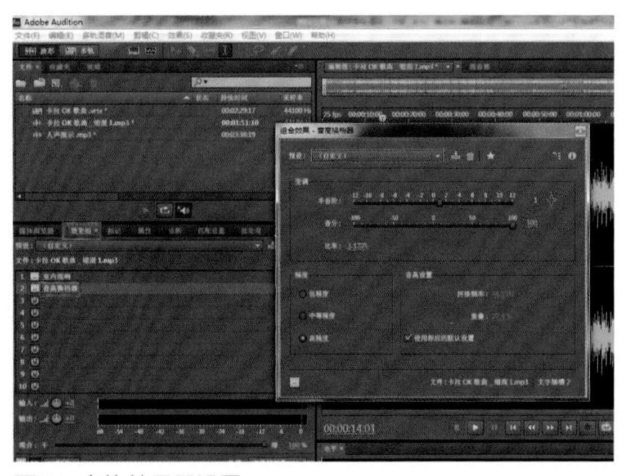
图54 多轨效果器设置

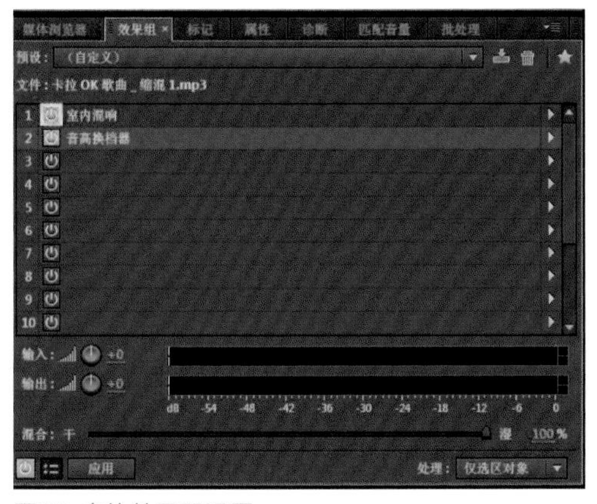

图55 多轨效果器设置

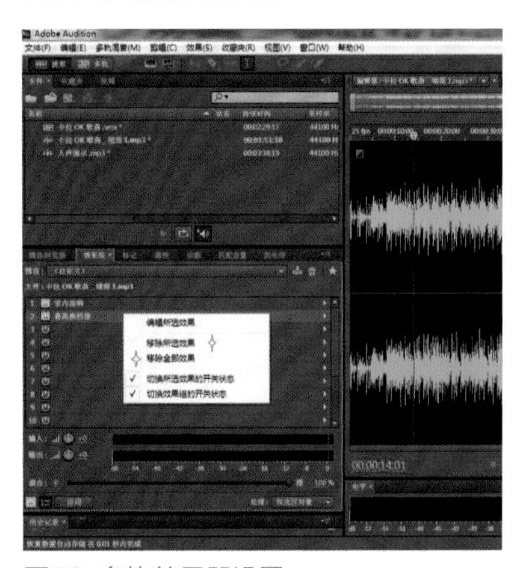
图56 多轨效果器设置

第二节 手机个性彩铃制作

我们可以通过多轨音频剪辑和特效处理混缩的方法来创意设计个性化的手机彩铃。在这个案例中，我们可以对音频文件的导入、多轨剪辑和混缩保存有更深入的认识和了解。

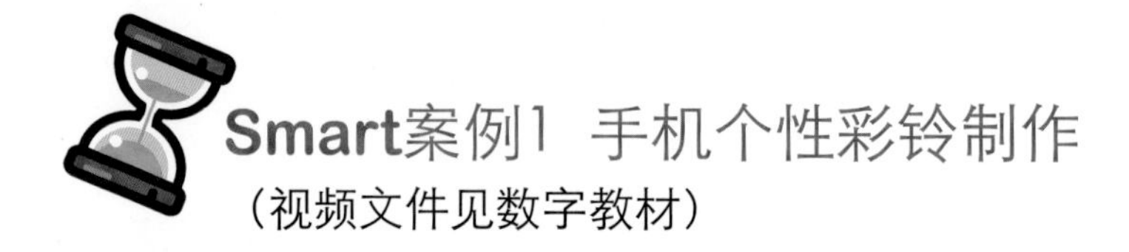

STEP1

在网上下载音频文件“新年好.MP3”，并下载“欢呼喝彩”、“礼花绽放”的音效（图57）。

将Adobe Audition CC软件打开并设置新建多轨项目名称为“新年手机铃声”。

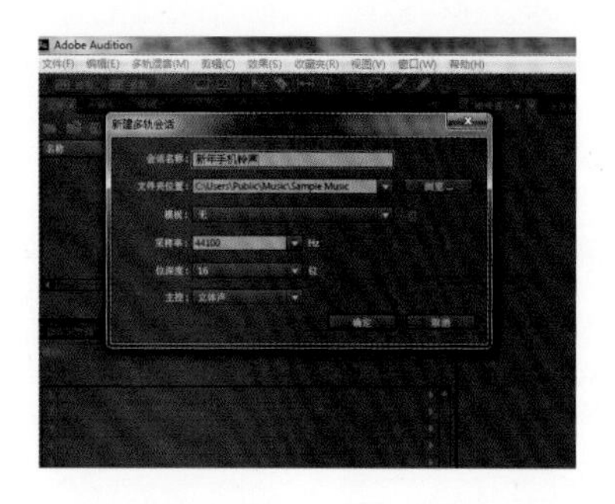

图57 新建工程文件

STEP2

将“新年好.MP3”和“礼花绽放”的音效导入文件窗口。

将“新年好.MP3”拖拽至“声轨1”中，将“礼花绽放”拖拽入“声轨2”中，如图58所示。

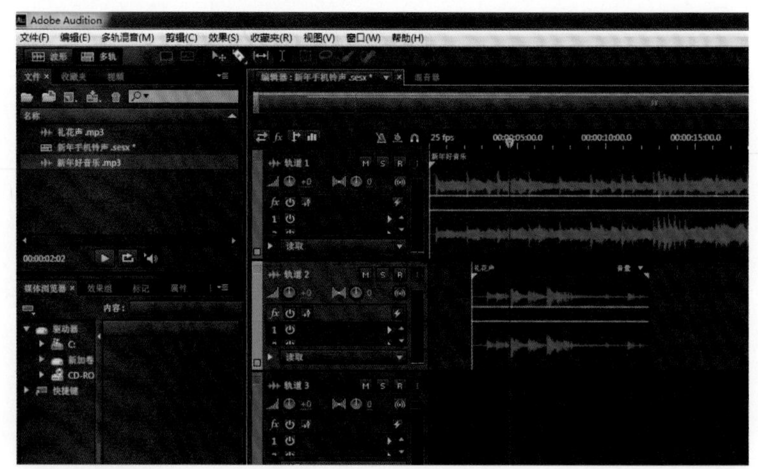

图58 多轨编辑

（请在ibooks应用里搜索《数字音效制作》，下载数字教材下册，观看教学视频）

STEP2

单击声轨1面板上的“S”（独奏）按钮，可以监听声轨1中的整个音乐，然后取消“S”独奏状态，单击声轨1面板上的“M”（静音）按钮，可以让声轨1静音，只能听到其余声轨音频（图59、60）。

图59 独奏监听

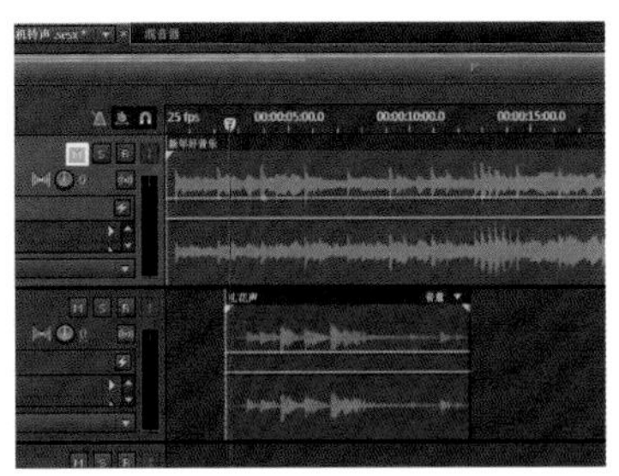

图60 静音监听

STEP3

将“礼花绽放”音效拖拽至合适位置，与声轨1中的“新年好”音频产生理想叠加效果（图61）。

图61 多轨叠加监听

STEP4

单击“声轨3”中的“R”录音按钮，在声轨3中录入新年祝福语的人声，录音内容为：“新年好，新年好，铃声响起来，祝福传起来……”也可以自己创作歌词（图62）。

然后根据之前介绍过的方法给人声降噪或添加效果。例如可以选中声轨3，在“效果组”插槽中添加混响器（图63）。

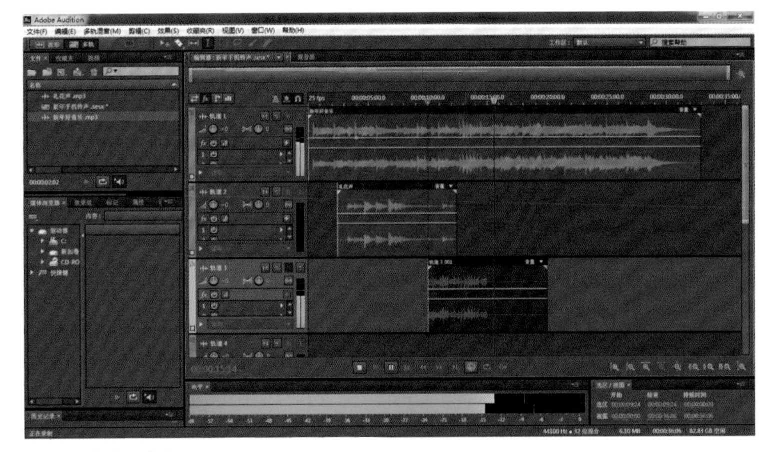

图62 人声录制

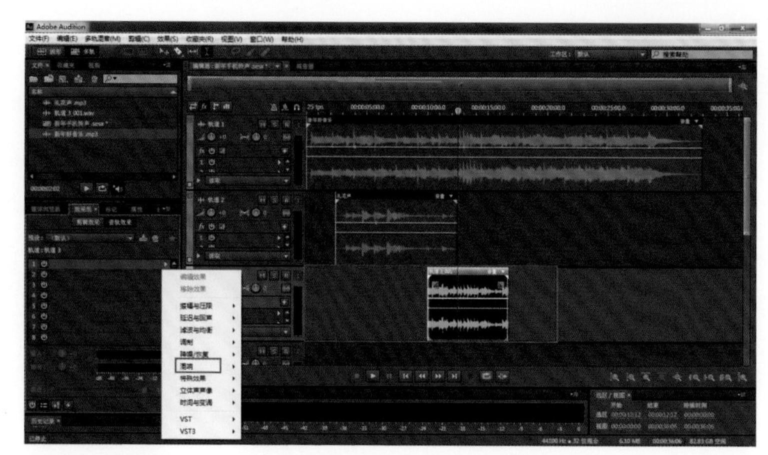

图63 效果器添加

STEP6

选择“室内混响”中的某个效果，并监听产生的效果（图64）。

图64 混响设置

STEP7

如果整体调试理想后，可以选择“文件”—“导出”—“多轨缩混”—“整个项目”命令，将音乐混缩成MP3格式的手机铃声，一条个性化的手机彩铃即可出炉（图65、66）。

图65 混缩

剪辑(C) 效果(S) 收藏夹(R) 视图(V) 窗口(W) 帮助(H)
导出多轨混音
文件名：新年手机铃声_缩混.mp3
位置：C:\User...Music\Sample Music\ 新年手机铃声
浏览...
格式：MP3 音频 (*.mp3)
采样类型：44100 Hz, 源声道, 16-bit
更改...
新建采样类型：44100 Hz 立体声，16 位
格式设置：MP3 192 Kbps CBR
更改...
混音选项：整个会话
主声道（立体声）
嵌入编辑原始链接数据
更改...
包含标记和其他元数据
在导出之后打开文件
确定
取消
00:00:10:00.0
00:00:15:00.0
00:00:20:00.0
00:00:15:20

图66 混缩导出

第三节 旁白录制与降噪

在录音过程中，由于受录音环境的条件影响，往往录音源文件中会留存部分背景噪声。本案例可以帮助学习者有效采集收录人声，并识别音频文件中的背景噪声，运用软件自带的降噪效果器在波形编辑窗口模式下去除背景噪声，提升音频源文件声音的清晰度，提升音质。

STEP1

打开Audition软件，新建“波形”工程文件，设置适当采样率、声道数、位深度，单击“确定”（图67）。

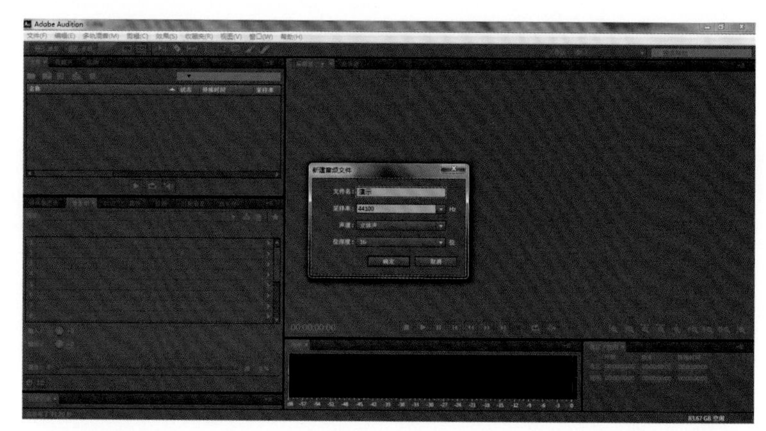

图67 新建项目

STEP2

准备一副3.5毫米插头的电脑便携式耳麦，接入电脑音频插口。及时监听话筒音量避免过载。

单击“录制按钮”开始录音，录音时注意关注录音电平的幅度，避免爆音或声音过小（图68）。

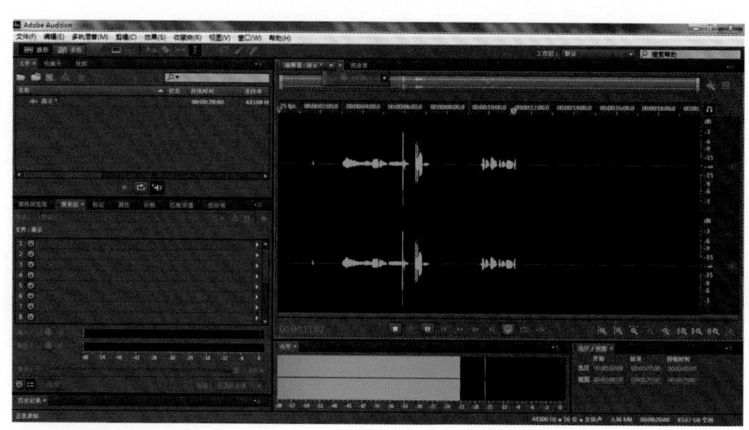

图68 电平监测

STEP3

打开录音按钮，开始录制旁白。

将录制好的音频文件以合适格式进行保存，建议用MP3格式。

继续在波形编辑窗口观察需要降噪的音频文件。寻找波形中人声停顿的区域，用“时间选择工具”选中这个区域，至少要有半秒长度，否则无效。下图中的亮白部分即为选中区域。可打开播放按钮监听一下，不要误将正常的人声一起选中（图69）。

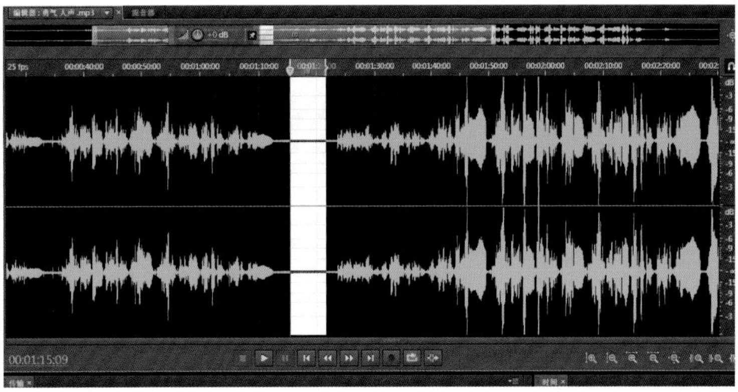

图69 噪波选择

STEP4

打开“效果”下拉菜单命令，选择“降噪/恢复”中的“降噪(处理)”效果器（图70）。

打开降噪效果处理器，选择左上方的“捕捉噪声样本”命令（图71）。

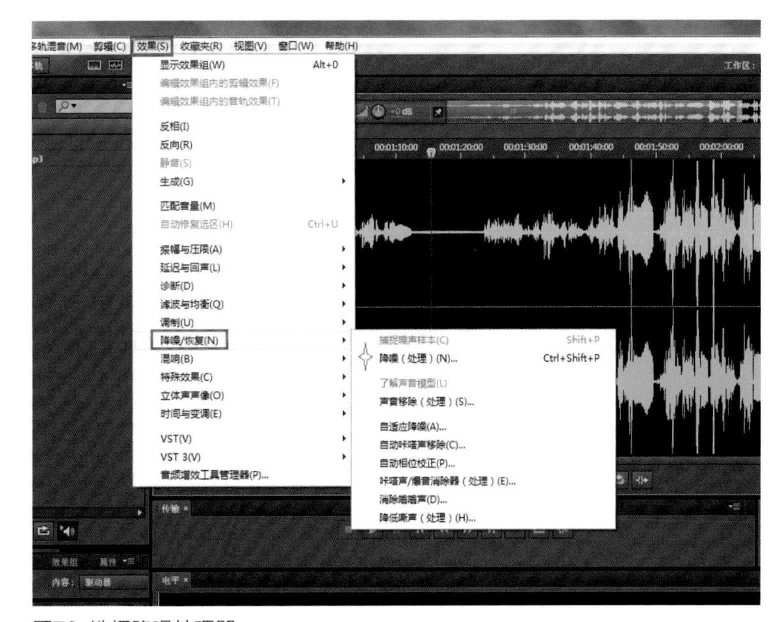

图70 选择降噪处理器

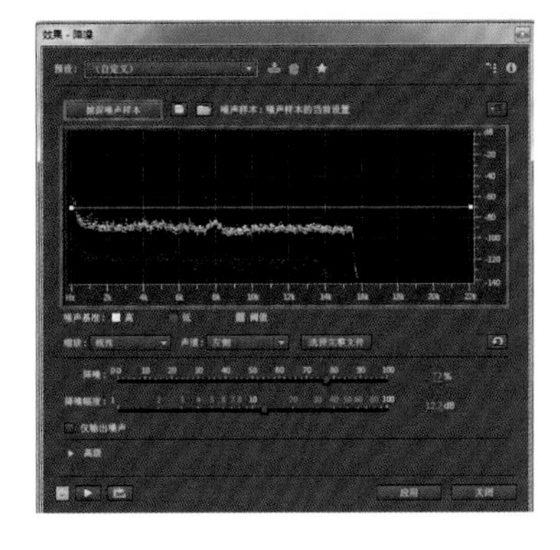

图71 噪声样本图

STEP5

可以根据下方的噪波显示图进行降噪评估。

A. 拖动控制点以改变不同频率范围中的降噪值（图72）。

B. 低振幅噪声

C. 高振幅噪声

D. 阈值，低于该值将进行降噪

降噪参数设置。

位于效果面板下方的“降噪”推子是用来控制输出信号中的降噪百分比。在预览音频时微调此设置，以在最小失真的情况下获得最大降噪，若过高降噪有时可导致音频听起来被镶边或异相，一般控制在80%左右。“降噪幅度”推子是确定检测到的噪声的降低幅度。介于“6dB—30dB”之间的值效果很好，要减少失真，请输入较低值（图73）。

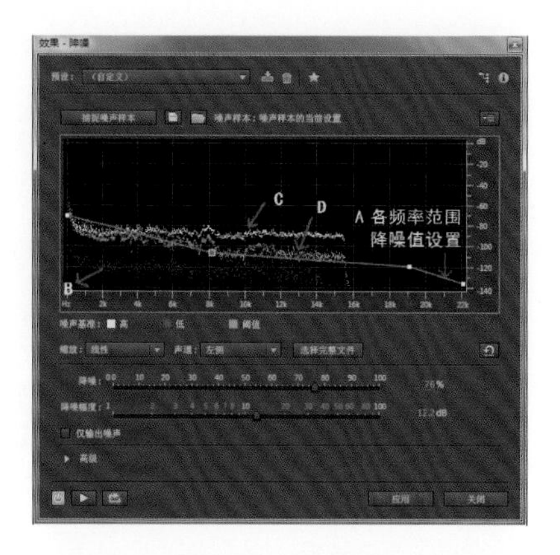

图72 降噪评估图

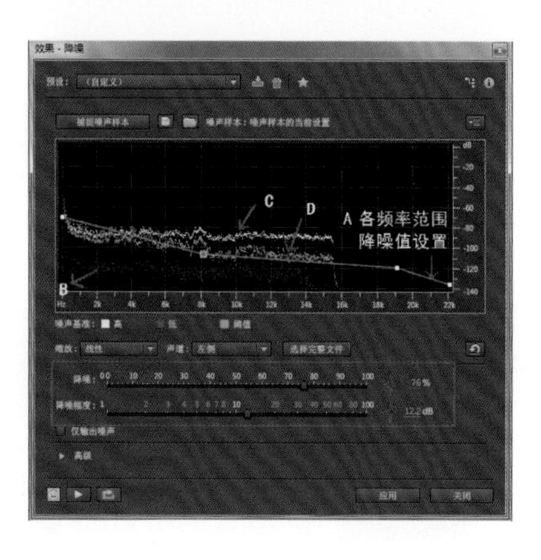

图73 降噪幅度

STEP6

点击“选择完整文件”按钮，波形编辑窗口中的音频会被全选（图74）。

选择面板右下角的应用，降噪开始生成（图75、76）。

图74 音频全选

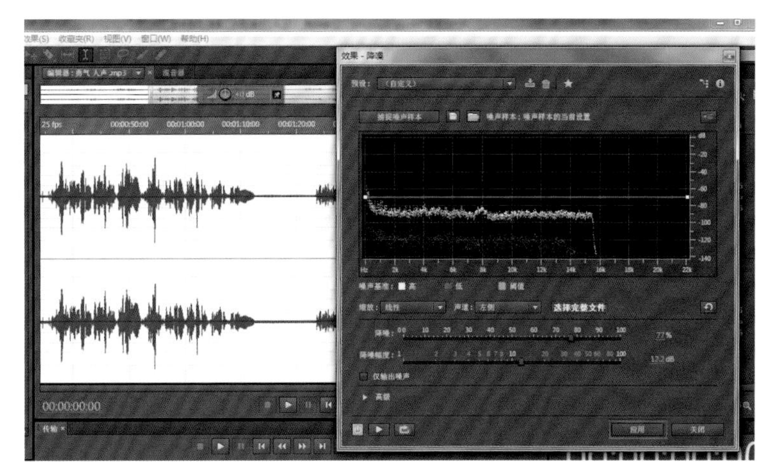

图75 降噪运用

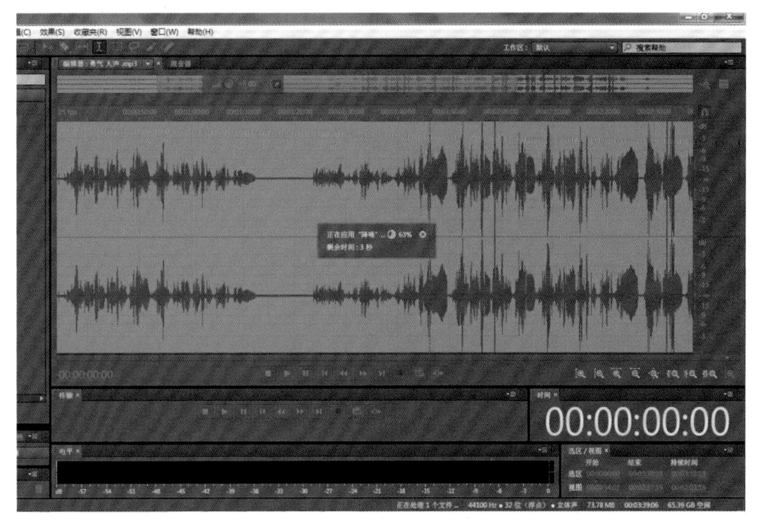

图76 降噪生成

STEP7

降噪处理完成后查看音频情况，可以发现，经处理后的波形有人声停顿间隙的地方都变成平滑的直线，说明噪波已经过滤完成。最后再以MP3格式进行保存（图77）。

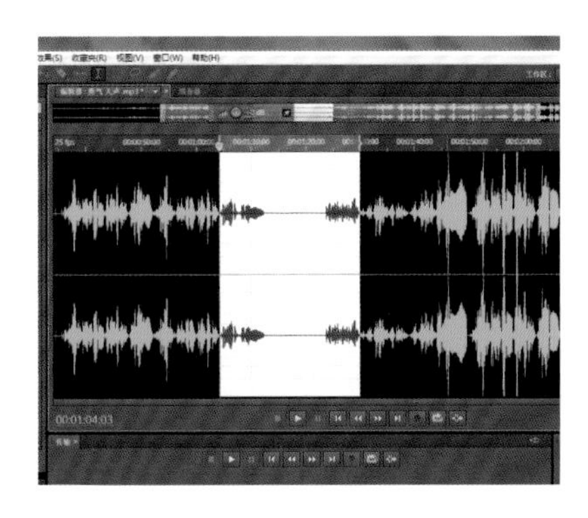

图77 降噪见效

课后训练

一、选择题（交互书联动）

1. 如果要将成人的语音处理成儿童声音的效果，可以利用Audition（C）功能。

A. 降噪　　　　B. 延迟　　　　C. 变调　　　　D. 淡化

图78

二、实训练习

1. 用波形(单轨)编辑器来练习录制人声语音，体会用降噪、变调效果带来的不同感受。

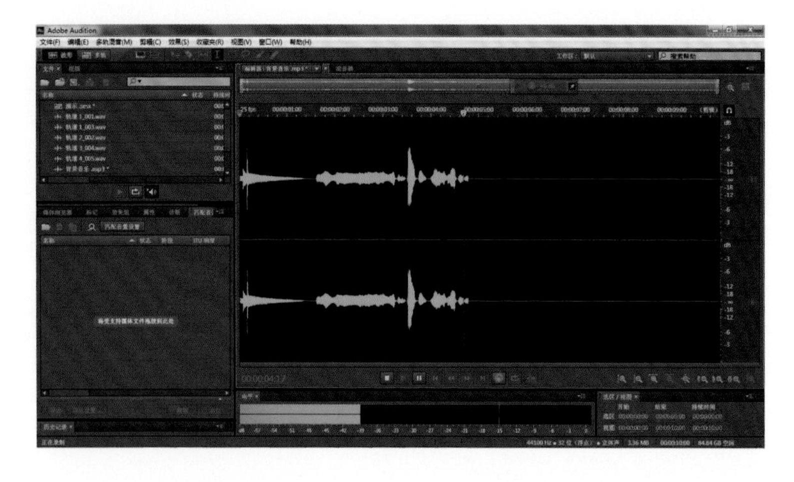

图79

2. 在网上任意下载几首喜欢的MP3音乐文件做串烧，尝试个性化手机彩铃。

图80

5 第五章 视频音效设计

学习目标

帮助学生了解Adobe Audition CC视频配音的制作流程。

学习重点

帮助学生培养音画同步的音效设计及处理方法。

帮助学生提升软件多轨合成界面的复合素材剪辑处理技术。

课时安排

20课时

Audition是一款专业的音频制作及配音软件，经常参与到影视剧及动画片的配音工作中。在多轨视图中，通常是先将所需的视频或动画及音频素材进行导入，通过参照视频内容，整合排列并对音频素材进行剪辑，这样可以出色地完成影片配音的工作。

图1 多轨音画编辑

对于比较复杂的配音项目，例如音效较多的动画片，可以充分利用Audition工作空间，可自由定制特点，将Audition的工作空间设置为类似非线性剪辑软件的工作空间或自由定制，并且通过对音频轨道的管理，将不同类型的声音配置在不同的轨道加以区分。

第一节 《风轻云淡的日子》角色配音制作

此案例侧重于对动画中的不同人物角色进行配音，可以通过操练、掌握对白配音的技巧，并合理使用后期效果处理，最终能对对白、音效、背景音乐进行混合编排。

一 剧情分析与角色设计准备

角色音效通常是指以角色语音为主的相关音效设计，需要根据剧情需要、人物角色特征来度身定制合适的音效，也包含脚步声、跑步声、笑声、被攻击的叫声等等。语言是将角色立体化的重要元素，角色音效设计是整个作品音效品质保证的关键（图2）。

例如，由福克斯公司出品的动画《冰河世纪》中，描述了发生在三只史前动物和一个婴儿之间的故事。树懒希德则是一个大舌头的话痨，到处惹是生非，但心地善良而温情（图3）。

剑齿虎迪耶戈的声音低沉而有磁性，塑造出一个具有计谋、很有威慑力的形象（图4）。

在为婴儿找食物的段落，出现了一群愚蠢至极的渡渡鸟。它们的声音都是男性声音，但异常的尖锐，与情节交织在一起，有非常强的喜剧效果（图5）。

猛犸象曼尼性格暴躁但善良，声音中气十足（图6）。

还有就是剧中那只大犬齿松鼠，虽然只有一些简单的语气词，但配合滑稽可爱的砸榛果动作，依旧形成了独特的艺术效果（图7）。

再如，迪斯尼出品的动画《虫虫特工队》中，马戏团中的瓢虫与青虫的角色设计让人印象深刻。剧中瓢虫因为声音温柔、外形柔巧、偏女性化而被苍蝇嘲弄，愤怒的它来到了蚁岛，营救了小公主小不点儿，小蚂蚁也来认他做“干妈”，让他很尴尬。动画将青虫的角色塑造为语气夸张而幼稚，与它肥胖的身躯形成对比，更显出它傻乎乎的可爱气质（图8）。

图2 配音剧照

图3《冰河世纪》剧照

图4《冰河世纪》剧照

图5《冰河世纪》剧照

图6《冰河世纪》剧照

图7《冰河世纪》剧照

图8 《虫虫特工队》剧照

二 通过Audition插入视频

本章节会以学院原创动画《风轻云淡的日子》为例，介绍角色音效和场景音效的音画同步制作方法。

Smart案例3 《风轻云淡的日子》角色配音制作
（视频文件见数字教材）

STEP1

格式可以设置。Audition可以导入非常多的视频格式，包括AVI、DV、MPEG1、MPEG4、3GPP、3GPP2、MOV、FLV、R3D、SWF、WMV，但是为了让软件对视频有更好的兼容性支持，建议在Audition的“编辑”菜单中的“首选项”命令中设置“DLMS格式支持”启用。同时安装好QuickTime软件，否则会出现某些格式视频无法导入AU的情况，如图9、10所示。

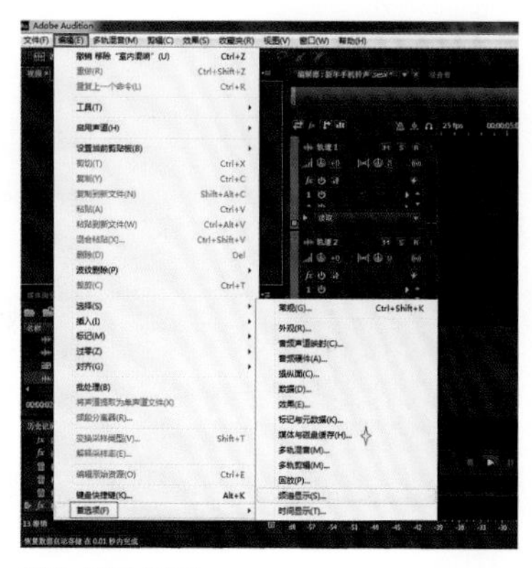

图9 媒体设置

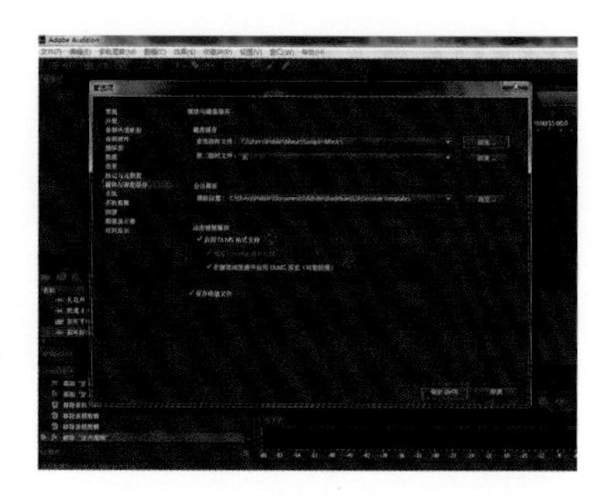

图10 媒体兼容性设置

STEP2

导入动画视频《风轻云淡的日子》，为视频中“画室争斗”一段场景设计角色音效（图11、12）。

图11 人物争斗场景

图12 人物争斗场景

（请在ibooks应用里搜索《数字音效制作》，下载数字教材下册，观看教学视频）

三 根据视频内容编辑音频

STEP3

在文件菜单中点击“新建多轨工程文件”，设置好工程文件名（图13、14）。

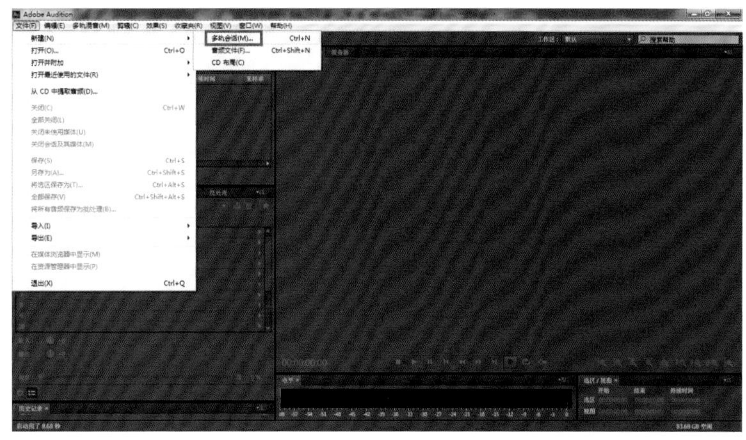

图13

图14

STEP4

在软件界面工具栏右上侧的“工作区”选项中选择“编辑音频到视频”以打开提供视频配音的工作窗口模式（图15）。

导入视频，将视频拖拽至声轨1，多轨编辑窗口会自动生成视频轨道。按空格键进行播放，可在左侧视频预览窗口中预览视频（图16）。

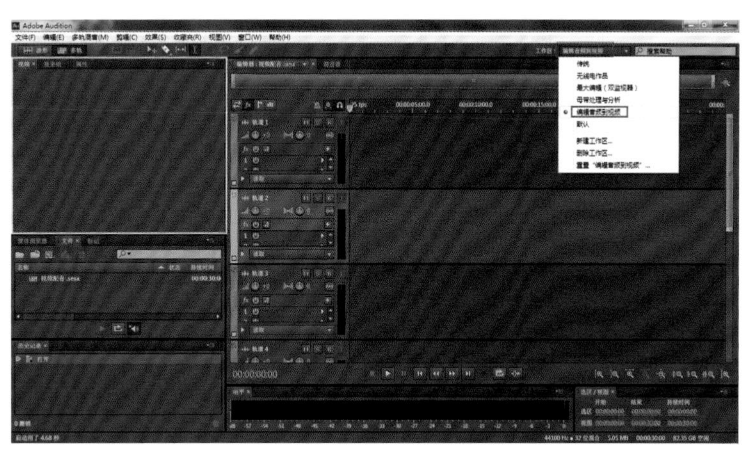

图15

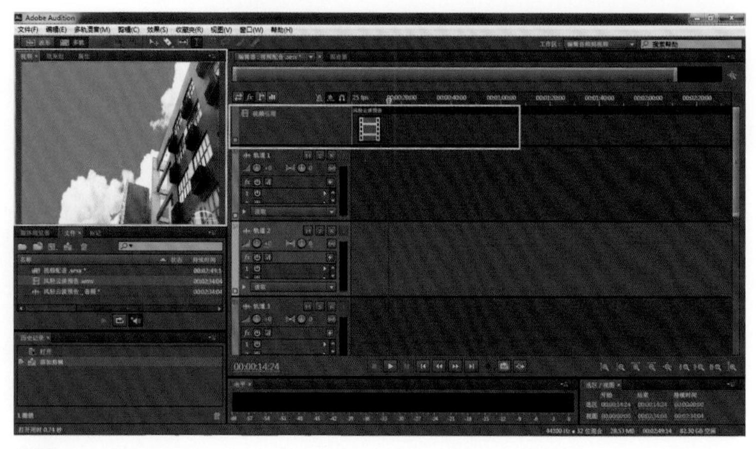

图16

STEP5

通过缩放方式对编辑窗口的视图显示进行调整，最后通过拖拽时间启示指针来定点配音位置（图17）。

根据角色特点结合配音稿内容找寻合适的配音人选，制定人物音色、不同情绪的配音方案，可根据项目进展需要，分多次、多轨录制人声（录音方法同之前介绍的歌曲录制）。本案例中出现的片段是为五个角色设计角色音效（图18—20）。

图17

图18

图19

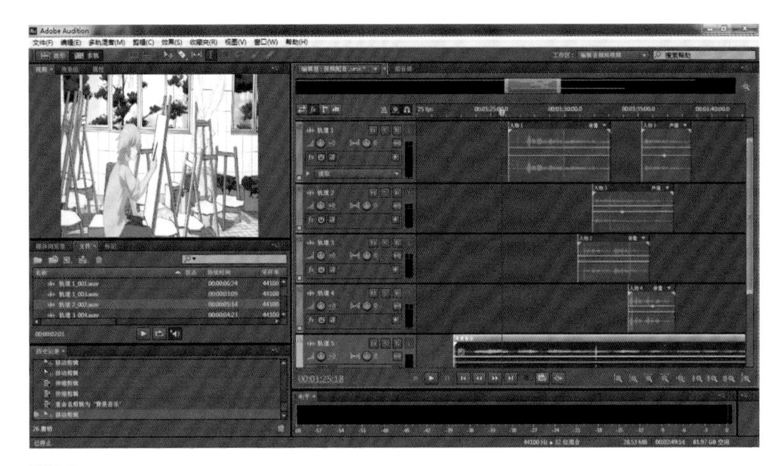

图20

STEP6

将录制好的音频区段及时命名以方便区分识别（图21）。

根据设计需要，配上合适的背景音乐，并作淡入淡出处理，还有速度拉伸处理（图22）。

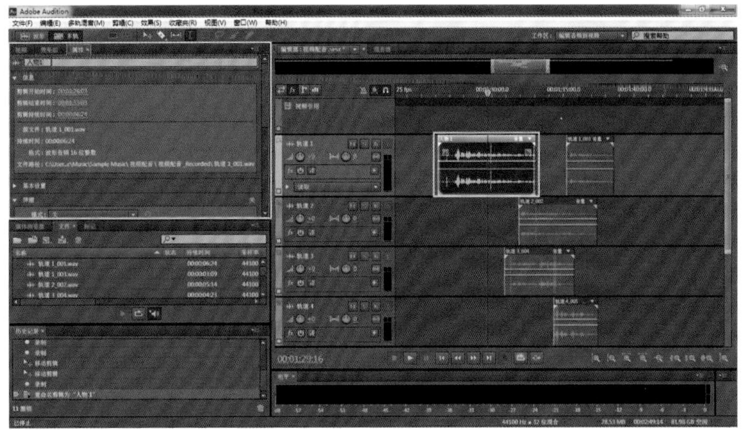

图21

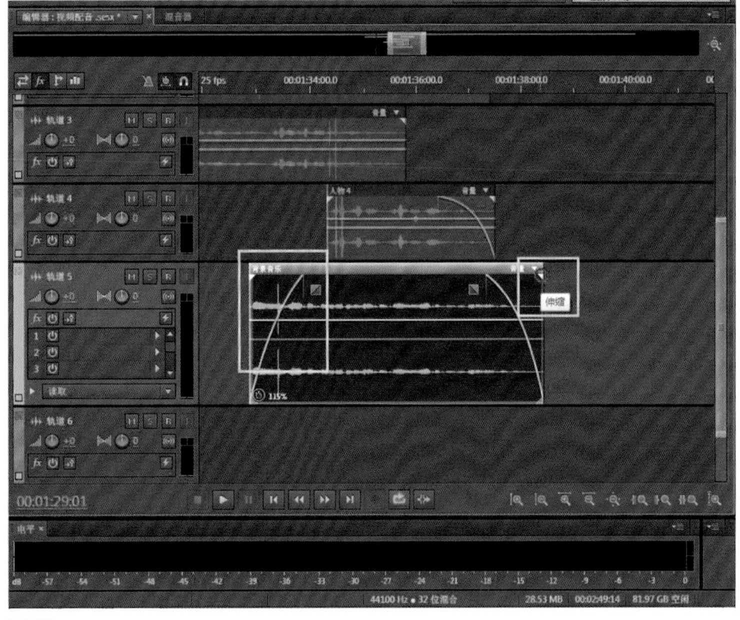

图22

STEP7

在效果组中为各轨道添加合适的效果器（图23）。

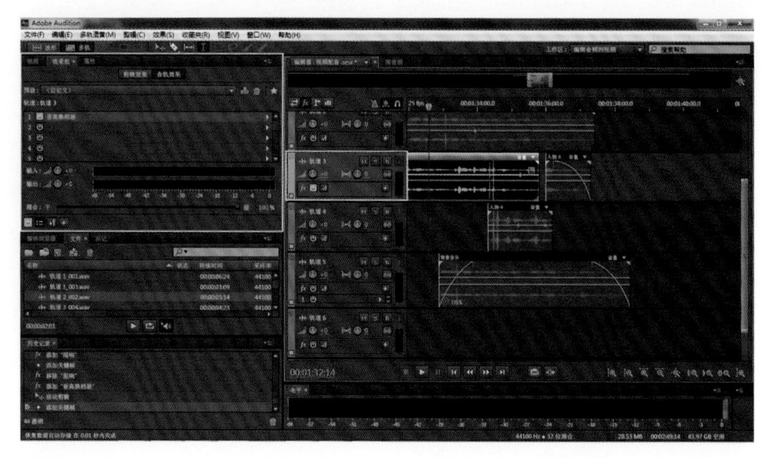

图23

STEP8

及时保存工程文件，可以根据需要整体或选择性输出人声音频（图24、25）。

图24

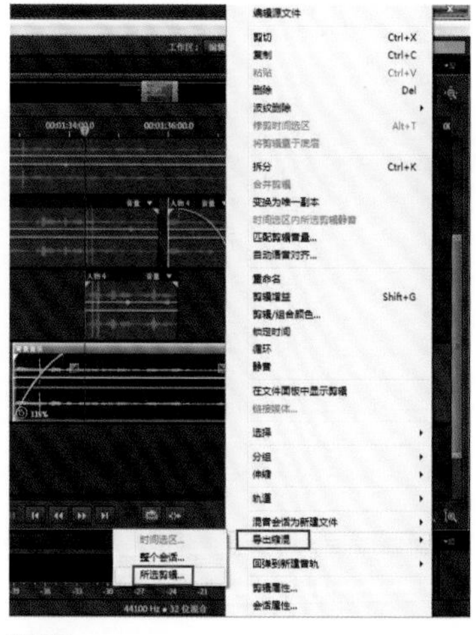

图25

STEP9

将完成的音频导入视频编辑软件，如Premiere软件，做最后的音画同步调整，并生成影音文件。本教材将不强调视频软件的制作说明（图26）。

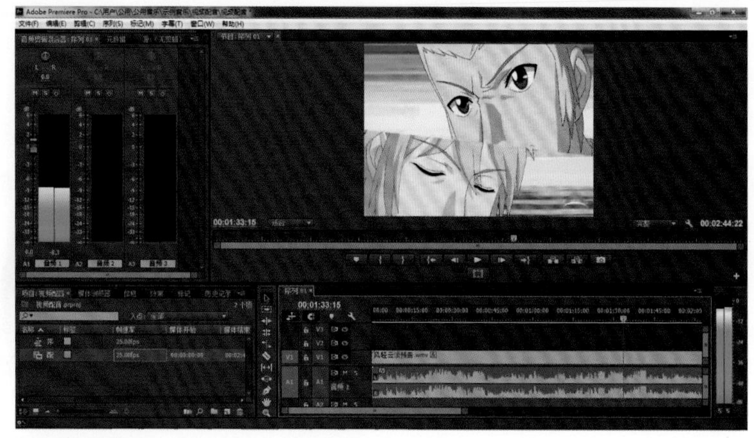

图26 影音合成

第二节 《风轻云淡的日子》场景音效设计

能够根据视频剧情需要，快速合理地将音效准备到位，是音效设计的基本要求。所以懂得音效的搜集和选用尤为重要。通过场景设计的案例操练能够提升音效选择和效果处理的能力，同时提升音画同步的能力。

一 剧情分析与音效素材准备

环境声可以成为场景的主要焦点，它可以强调时间段，表现外景、内景，还可以表现人物的看法、心情等等。在影视作品中，环境声的主要用途还是进行微妙的暗示，比如厨房窗户外的鸟儿欢叫暗示早晨，办公室窗外传来的车流声暗示所处的位置是城市。这些声音可以立即给观众创造出真实的环境感，也把影片的真实性、丰富性、层次性推向极致。

例如，影片《贫民窟的百万富翁》中，贾马尔为追星跳粪坑的那场戏，先由苍蝇声引入，飞机的螺旋桨声、萨利姆的坏笑以及影迷们欢呼不已的声音，都仿佛冲进了那个简陋不堪的厕所，加剧了画内外的戏剧冲突，推动了剧情的发展（图27—30）。

又如，《冰河世纪》的开头，因为大犬齿松鼠试着藏埋松果而导致的雪崩，音效从冰面细微的破裂声过渡到冰山噼啪的碎裂声，再到最后发生了气势宏大的雪崩，营造了恐惧紧张感，也为后面的剧情作了铺垫（图31）。

再如，在电影《海上钢琴师》“钢琴决斗”这场戏中，傲慢的爵士乐演奏家要与从小在游轮上长大的1900斗琴技，以借此羞辱他，1900是个天生的钢琴家和思想者，他从容淡定地应对这场挑战，整场斗琴的过程没有台词，其间只有一个威士忌倒入酒杯的声音似乎想打破压抑沉闷的气氛，但随即又被淹没。直到空酒杯被重重地扣在吧台上，才结束这段压抑而富有张力的音乐。在此段的结尾部分，1900演奏完那曲极富技巧的音乐，震惊全场后长达十几秒的无声运用更是精彩绝伦，配合着全场目瞪口呆的画面，把观众的情绪带到了一个兴奋的顶峰（图32—37）。

图27 《贫民窟的百万富翁》剧照

图28 《贫民窟的百万富翁》剧照

图29 《贫民窟的百万富翁》剧照

图30 《贫民窟的百万富翁》剧照

图31 《冰河世纪》剧照

图32 《海上钢琴师》：香烟暗示时间特写电影剧照

图33《海上钢琴师》：主角琴斗电影剧照

图34 《海上钢琴师》：主角炫技电影剧照

图35 《海上钢琴师》：惊艳观众电影剧照

图36 《海上钢琴师》：琴斗电影剧照

图37 《海上钢琴师》：主角琴斗胜利电影剧照

还有电影《星际传奇2》中的开场部分，飞船动力系统划过天空的轰鸣声，与背景音乐交织在一起，营造了紧张压抑、战争笼罩的氛围（图38）。

图38 《星际传奇》剧照

作者也希望学习者根据提供的案例视频画面内容，分析所需场景合适的音效，音效素材可到网上素材库下载或自己拟音。目前建议寻找现成素材来配合画面，若找不到合适的，就需要录制声音或用素材重新改编声音。

本案例的场景画面片段内容是：艺校学生剑龙早晨因闹钟失灵酣睡过头而上学迟到，然后慌张狼狈赶往学校。该场景所需音效分析为闹钟滴答声、酣睡呼吸声、背景音乐、赶往学校的奔跑脚步声、急刹车声、喘气声、校园环境声（图39－41）。

图39 剑龙酣睡

图40 闹钟计时

图41 剑龙迟到

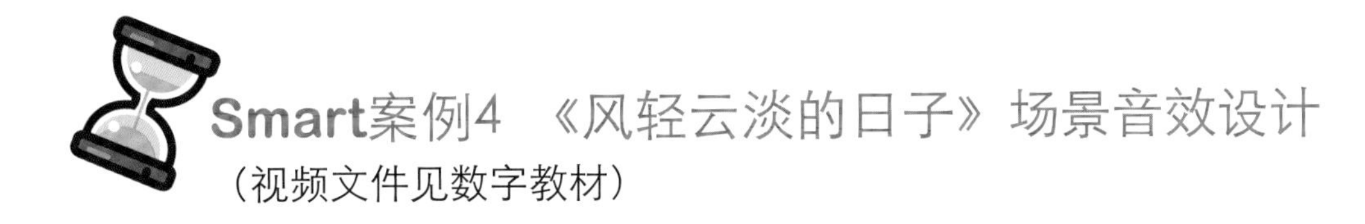

Smart案例4 《风轻云淡的日子》场景音效设计

（视频文件见数字教材）

STEP1

新建多轨工程文件，并导入视频，通过拖拽时间启示指针来定点配音位置（方法同上一案例）（图42）。

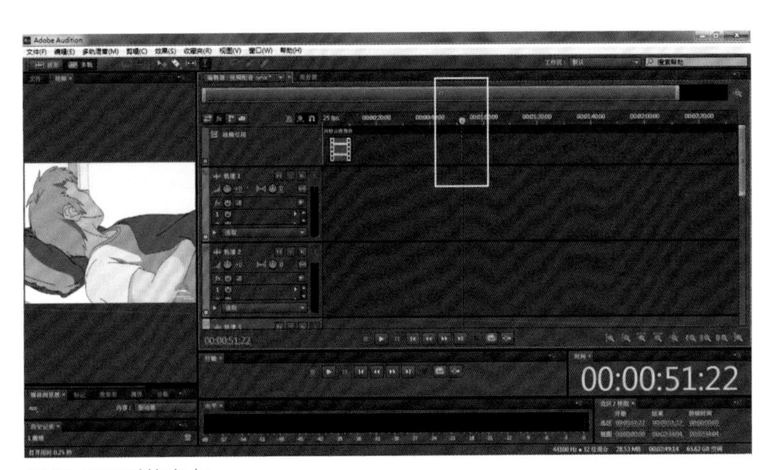

图42 画面对位定点

（请在ibooks应用里搜索《数字音效制作》，下载数字教材下册，观看教学视频）

STEP2

将之前找寻的相关素材按照画面内容依次对位，音效素材与画面的匹配度、同步性是保证音频剪辑品质的关键（图43）。

图43 音画同步对位

STEP3

通过鼠标调整黄色音量包络线，对“鼾声”的音量大小进行处理，营造一种打鼾声此起彼伏的效果。鼠标拖曳黄色线往上移动则该位置点音量增大，往下拖动则音量减弱，0参数为改变状态（图44）。

图44 波形片段音量调整

STEP4

通过声像包络线处理“奔跑”声，用鼠标拖曳调整蓝色的声像包络线来改变声音产生的方位，蓝色线参数在0位置表示声像未改变，蓝色线往上拉，则该控制点的声音方向往左侧偏移，往下拉就是声音往右侧偏移（图45、46）。

图45 声像调整

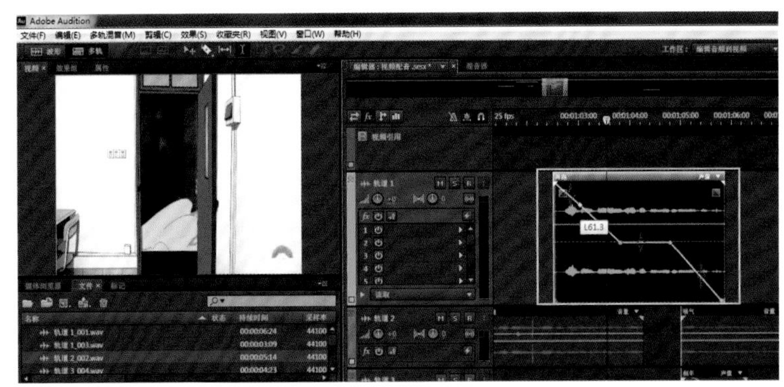

图46 声像调整

STEP1

根据剧情需要继续调整各个音频素材的位置点，设置合适的音量、声像及效果器以达到理想状态，同时关注各个音频轨的电平音量的均衡性，避免有哪条素材出现衔接生硬、突兀的感觉。

保存音频工程文件至指定地址，可以根据需要整体或选择性输出场景音效的音频（同上一案例）。

将完成的音频导入视频编辑软件，如Premiere软件，做最后的音画同步调整，并生成影音文件（图47）。

图47 音画会成

Smart案例5 《快乐校园》微电影场景音乐、音效设计（视频文件见数字教材）

STEP1

根据画面配合适的音效，通过拖拽时间启示指针来定点配音位置（方法同上一案例）（图48）。

图48 画面对位定点

STEP2

将之前找寻的相关素材按照画面内容依次对位，音效素材与画面的匹配度、同步性是音频剪辑品质保证的关键（图49）。

多轨编辑变速器的运用。本案例中在人物转身开赛车时，可以设计“转身”的音效，一般搜寻到的音效源素材体现出来的转身速度可能较慢，与画面速度不匹配。所以可以通过鼠标调整音效素材波形右上方的“时间伸缩”快捷控制来自由地调整速度。调整的数值越大，速度就渐慢；数值越小，速度就越快。本案例采取了与画面速度匹配的加速处理（图50）。

图49 素材对位

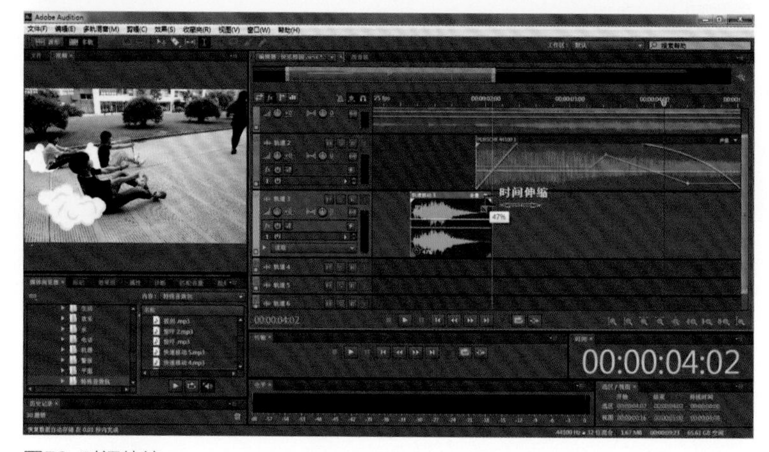

图50 时间伸缩

（请在ibooks应用里搜索《数字音效制作》，免费下载数字教材上册，观看教学视频）

STEP3

引擎音效调整。若要让汽车引擎表现出更真实的运动轨迹，增强临场感，可以通过声像包络线处理“引擎”声，用鼠标拖曳调整蓝色的声像包络线来改变声音产生的方位，蓝色线参数在0位置表示声像未改变，蓝色线往上拉，则该控制点的声音方向往左侧偏移，往下拉就是声音往右侧偏移。同时可以做好“淡入淡出”渐变处理，使音效衔接流畅自然（图51）。

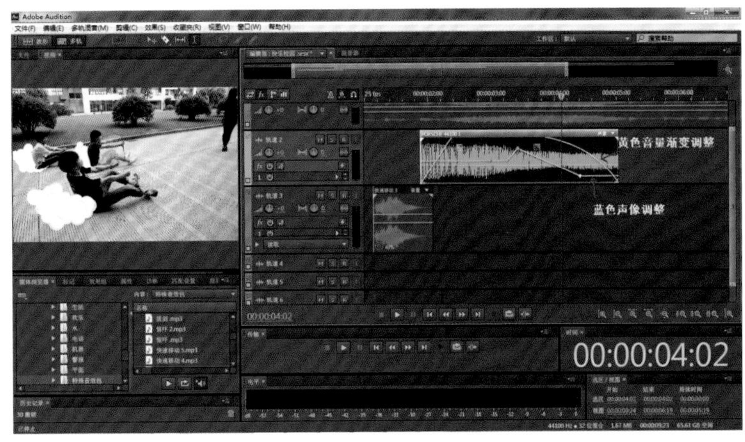

图51 声像与音量渐变

根据剧情需要继续调整各个音频素材的位置点设置合适的音量、声像及效果器以达到理想状态，同时关注各个音频轨的电平音量的均衡性，避免有哪条素材出现衔接生硬、突兀的感觉。

保存音频工程文件至指定地址，可以根据需要整体或选择性输出场景音效的音频（同上一案例）。

将完成的音频导入视频编辑软件，如Premiere软件，做最后的音画同步调整，并生成影音文件（同上一案例）。

此案例希望学习者根据提供的案例视频画面内容，分析所需场景合适的音效，寻找合适的素材来配合画面，提升音画多轨编辑的综合能力。

本案例的场景画面片段内容是艺校某学生在校园行走不小心丢失饭卡，另几位学生及时发现并归还饭卡。整个视频中演员的表演幽默夸张，并配合真人结合动画的形式来表现赛车式的追赶场景。该场景所需音效分析为转身变形、赛车引擎、背景音乐（图52、53）。

图52 饭卡丢失

二 背景音乐设计

该案例类似情景哑剧，整个过程演员没有台词对白，所以设计合适的背景音乐特别重要。设计贴切的背景音乐可以使整个剧情更生动而富有张力。根据该作品特征可以找寻一些具有幽默喜剧色彩或富有卡通趣味性的音乐，音乐速度较欢快活泼，配器风格倾向于现代电子音乐。

图53 送回饭卡

三 背景音乐剪辑

新建多轨工程文件并导入视频及合适的音乐背景，拖曳至音频编辑轨道上，根据画面节奏对音乐进行调整，并运用淡入淡出手法使音乐具有自然衔接和融入感（图54）。

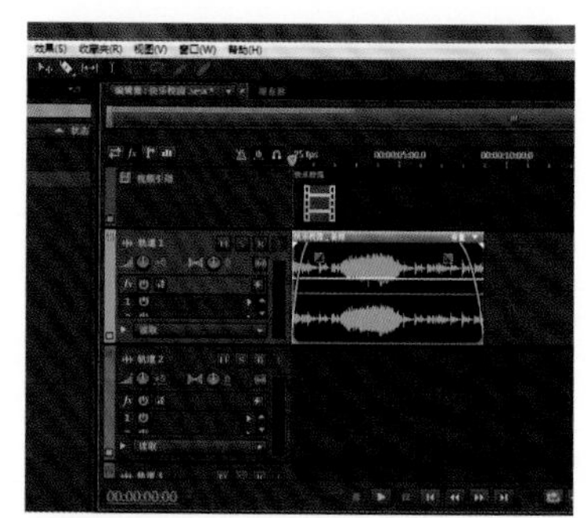

图54 淡入淡出

课后训练

一、选择题（交互书联动）

1. Audition中的声像包络的功能是控制声音的（D）。

A. 音调　　　　B. 音量　　　　C. 混响　　　　D. 方向

二、实训练习

1. 从网上下载一部动画片，如《白雪公主》，截取其中的一段角色对话（去除原声），练习用AU做角色配音练习。

图55 动画剧照

2. 从网上下载一部电影，如《星际穿越》，截取其中一段场景（去除原声），练习用AU设计合适的场景音效。

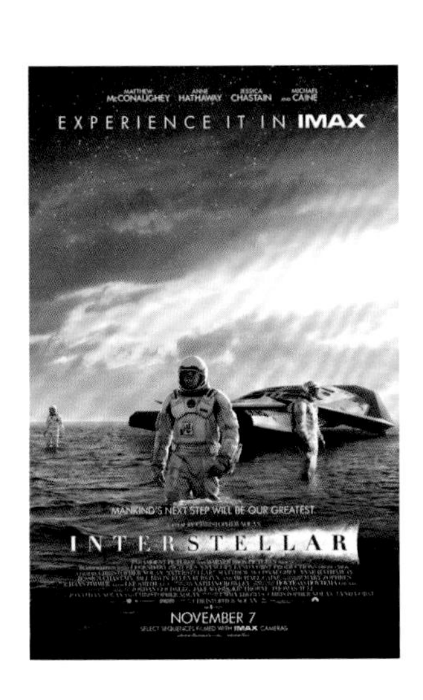

图56 电影剧照

参考书目

REFERENCE

1.《游戏音效编程》　作者：(美)麦卡斯基　译者：朱庆生　重庆大学出版社

2.《数字影像声音制作》　作者：(美)霍尔曼　译者：王珏　人民邮电出版社

3.《Adobe Audition CC经典教程》 作者：Adobe公司　译者：贾楠　人民邮电出版社

4.《音效圣经》 作者：（美）里科·维尔斯　译者：王旭峰 徐晶晶 孙畅　世界图书出版公司